MÉMOIRE

SUR

LA COMÈTE ELLIPTIQUE

DE

DE VICO,

PAR

F. BRÜNNOW.

COURONNÉ PAR LA PREMIÈRE CLASSE DE L'INSTITUT ROYAL DES PAYS-BAS.

———— ⊰≼•≽⊱ ————

AMSTERDAM,
C. G. SULPKE.
1849.

MÉMOIRE

SUR

LA COMÈTE ELLIPTIQUE,

DE

DE VICO *),

PAR

F. BRÜNNOW.

La comète, dont je discuterai l'orbite dans ce mémoire, fut découverte à Rome par Mr. DE VICO, le 22 Août 1844. Les premiers éléments paraboliques de cette comète firent remarquer une analogie frappante avec ceux de la comète de l'an 1585, observée par TYCHO durant le mois d'Octobre et dont HALLEY avait calculé l'orbite. L'extérieur même des deux comètes n'était point contraire à l'hypothèse de leur identité. Mais ce qui contribua surtout, à rendre cette hypothèse plus que probable,

*) Mémoire couronné dans la séance de la première Classe de l'Institut Royal des Pays-Bas le 10 Juin 1848, en reponse de la question suivante, publiée dans son programme du 27 Mars 1845, et répétée le 6 Avril 1847:

»Il est reconnu par les recherches des Astronomes que la comète, découverte le 22 Août 1844, par »M. DE VICO à *Rome*, se distingue d'une manière notable, par la brièveté du temps, qu'elle emploie dans sa »révolution autour du soleil. La Classe demande une détermination nouvelle des éléments de son orbite ellip- »tique, basée sur toutes les observations dignes de confiance, qui ont été faites sur cet astre, et sur le calcul »des perturbations, qu'il subit dans son mouvement. La Classe désire une détermination, aussi exacte que le »permet l'état actuel de la science, des éléments elliptiques de l'orbite de la comète pour son apparition pro- »chaine, avec une éphéméride construite sur ces éléments; elle désire en outre qu'il soit décidé, s'il est possi- »ble, si des apparitions de la même comète ont été observées dans les temps passés."

"""

c'est que Mrs. LAUGIER et MAUVAIS, en remontant aux observations de TYCHO et de ROTHMANN, parvinrent promptement à une orbite elliptique, dont la période ne diffère pas essentiellement de la période véritable de la comète.

Aussi la célèbre comète de 1770 et celle de l'an 1678 montraient une singulière analogie des éléments avec ceux de notre comète, ce qui engagea en effet plusieurs savants, à se prononcer pour l'identité de ces trois comètes. Ils attribuèrent les différences des éléments aux grandes perturbations, que ces comètes souffrent de temps en temps de la part de Jupiter.

Dans la dernière partie de ce mémoire j'examinerai en détail ces questions intéressantes, et nommément je donnerai une théorie exacte de la grande perturbation de la comète de l'an 1770. L'honneur, d'avoir le premier découvert la courte période de la comète en 1844 est dû à Mr. FAYE, qui basa ses premiers éléments déjà très-approchés sur un intervalle de huit jours. Cet habile astronome rectifia plus tard ces éléments sur l'ensemble des observations de *Paris*, et ce dernier système d'éléments osculatoires, publié dans les *Astronomische Nachrichten* N°. 525, représente la série entière des observations d'une manière si admirable, qu'on aurait droit, de la regarder comme définitive.

Voici les éléments de Mr. FAYE:

> Temps du pass. au pér. 1844, Sept. 2,483952 T. M. à *Paris*.
> Long. du Périhélie . . . 342° 31′ 15″. 18⎱   Eq. moyen
> Long. du Noeud ascend. 63   49   30.   64⎰ 1ᵉʳ Janv. 1845.
> Inclinaison   2   54   45.   04
> Angle de l'excent. . . .   38   6   57.   68
> Log. *a* . . . .   0.4912864.

J'en ai fait la base de mes calculs ultérieurs, dont je donnerai le détail dans les chapitres suivants.

CHAPITRE I.

Sur les observations de la Comète.

Les observations de cette comète embrassent un intervalle de quatre mois, commençant par le 22 Août, jour de la découverte à *Rome* et finissant le 31 Décembre, où on l'observa pour la dernière fois au *Poulkva*. Mais je ne pus disposer de toutes ces observations. Les observations romaines ne jouissant pas d'une grande précision, vu que les écarts surpassent quelquefois une minute, je les ai exclues sans exception. De l'autre côté les observations russes n'étaient pas encore publiées. Mais Mr. O. DE STRUVE avait la bonté, de me les communiquer plus tard, et je m'en suis servi pour la correction de mes éléments elliptiques. *)

Les observations, que j'ai pu employer, commencent par les observations parisiennes du 2 Septembre et procèdent dans une série presque non interrompue jusqu'au 17 Novembre, dernier jour d'observation à *Vienne*. Mrs. HIND et CHALLIS ont poursuivi la comète encore dans les premiers jours de Décembre; mais la faiblesse de la comète a rendu ces observations moins certaines et d'ailleurs elles sont en si petit nombre, qu'elles ne suffisaient pas à la formation d'une position normale. Mais en les comparant avec l'orbite définitive, elles n'indiquent point d'écart notable. Enfin je veux encore remarquer, que je me vois forcé d'exclure les observations de la comète, faites à *Kremsmünster*, *Cracovie* et *Marseille*, puisqu'elles n'offrent pas la précision nécessaire.

La plupart des observations ont été tirées des *Astronomische Nachrichten*. Quant aux observations parisiennes, elles m'ont été communiquées par la bienveillance de Mr. FAYE; de même que les observations anglaises, que Mr. HIND a bien voulu me procurer.

Voici les observations auxquelles j'ai ajouté quelques corrections.

BERLIN.

Dans les *Astron. Nachrichten* N°. 516, Mr. ENCKE a publié ses observations telles qu'une réduction provisoire sans égard à la réfraction et aux positions exactes des étoiles comparées les avait données. Mr. GALLE a déterminé plus tard les étoiles, dont la position paraissait inexacte, et les observations mêmes ont été corrigées de la réfraction. Voici ces positions:

	T. M. à Berlin			α			δ		
Sept. 5	11^h 46′	18″. 2		4° 16′	33″. 5				
» 6	13 48	26. 6					— 17° 17′	57″. 2	
» 6	14 8	15. 8		5 7	35. 0				
» 8	12 3	31. 6		6 33	31. 0		16 22	40. 3	
» 8	13 13	45. 0		6 35	25. 8		16 21	5. 6	
» 11	11 20	33. 8		8 36	39. 3		14 55	45. 1	

---

*) Voyez Chap. V.

J'ai exclu la déclinaison de Sept. 5, l'étoile de comparaison n'étant pas favorable à cette détermination. En général toutes ces observations ne jouissent pas
de l'exactitude ordinaire, étant faites à l'aide d'un petit Télescope, l'instrument
équatorial étant démonté.

HAMBOURG.

Le temps de l'observation du 20 Octobre est erroné, comme Mr. Rümcker m'a
communiqué. La voici corrigée:

$$8^h \ 46' \ 29''. \ 5 \qquad \text{T. M. à Hamb. } 21° \ 6' \ 13''. \ 7 \qquad + \ 1° \ 7' \ 20''. \ 8$$

L'observation du 5 Octobre n'est qu'une seule comparaison, qui ne mérite pas
selon l'observateur même une grande confiance. Il en est de même des observations
du 9 et 10 Novembre.

LONDRES.

Les étoiles de comparaison pour les observations de Mr. Hind ont été tirées du
catalogue publié par Mr. Rümker dans les *Astron. Nachrichten*, N°. 520 et 524.
L'étoile comparée le 6 Novembre à été déterminée au cercle méridien par Mr. Galle.
Les observations sont les suivantes:

T. M. à Greenw.		α			δ		
Oct. 22	$11^h \ 7' \ 11''. \ 0$	21°	22'	21''. 7	+ 1°	44'	15''. 6
Nov. 6	9 27 53. 0	23	17	29. 8	5	27	31. 4
» 9	8 58 10. 0	23	43	31. 5	6	5	45. 4

Les positions apparentes des étoiles sont les suivantes:

Oct. 22	21°	29'	29''. 8	+ 1°	46'	12''. 7
Nov. 6	23	20	5. 8	5	15	56. 2
» 9	23	24	49. 5	6	13	48. 9

PARIS.

La série la plus complète et en même temps la plus exacte à été faite à *Paris*.
Les observations ont été faites en partie aux instruments méridiens, en partie à l'équatorial de *Gambey*. Les étoiles de comparaison ont été déterminées par Mr. Faye.
Les positions des trois étoiles, qui n'étaient pas encore observées, je les ai tirées du
catalogue de Mr. Rümker. En voici les positions apparentes:

Oct. 11   19° 11′ 57″. 9   — 1° 46′ 37″. 9
 »   13   19 38 15. 0   1 12   6. 0
 »   13   19 46   2. 2   0 56 51. 8

Les observations seront donc :

T. M. à Paris.

Oct. 11   9ʰ 32′ 37″. 2   19° 47′ 29″. 7   — 1° 45′ 10″. 4
 »   13   11 5 15. 5   20 7 39. 5   1 2 42. 2
 »   13   13 1 14. 7   20 8   0. 6   1 1   6. 2

Si je trouvais quelquesunes des étoiles, observées par Mr. FAYE, dans le catalogue de Mr. RÜMKER, j'ai pris la moyenne arithmétique. Seulement pour l'étoile de Sept. 30 j'ai choisi la détermination de Mr. RÜMKER, réposante sur six observations.

Les positions apparentes sont selon Mr. RÜMKER :

Sept. 30   16° 40′ 28″. 9   — 5° 51′ 41″. 9
Oct.   2   17 32 31. 9   5 9 10. 0
 »   5   18 11   1. 2   4 3 37. 3

Les observations seront donc:

T. M. à Paris.

Sept. 30   10ʰ 29′ 31″. 9   17° 21′ 10″. 6   — 5° 59′ 13″. 0
 »   10 49 35. 5   17 21 20. 1   5 58 53. 3
           11 11 39. 9   17 21 35. 8   5 58 28. 6
           13 12 11. 6   17 22 53. 2   5 56 22. 7
Oct.   2   13   3 27. 1   17 55 37. 5   5   6 43. 5
 »   5   10 30 41. 4   18 37 55. 1   3 57 15. 1
           10 50 15. 4   18 38   0. 0   3 56 54. 4
           11   8 40. 2   18 38   7. 4   3 56 38. 4

La plupart des observations ont été corrigées de la réfraction.

S T A R F I E L D.

Les observations suivantes sont faites par Mr. LASSEL :

Temps sid. à Starf.

Sept. 19   23ʰ 56′ 48″. 9   13° 11′ 49″. 5
 »   19   23 57 52. 4   — 10° 58′ 11″. 3
 »   20   23 34 10. 8   13 39 34. 0   10 29 54. 9
Oct. 15   2 36   4. 0   20 26 27. 6
 »   15   2 33 31. 3   0 21 24. 0
 »   17   1 45 27. 2   20 43 13. 6

Temps. sid. à Starf.

Oct. 17 1^h 44′ 8″. 8 $+$ 0° 15′ 53″. 8
    22   1 11 22. 0   21° 22′ 17″. 8
    22   1 8 24. 5 $+$ 1 44 28. 3

Les étoiles comparées Sept. 20, Oct. 15, Oct. 22 sont tirées du catalogue de
Mr. RÜMKER, les autres sont déterminées par Mr. GALLE au cercle méridien. Les positions apparentes sont:

Sept. 19   13° 27′ 42″. 0 $-$ 11° 3′ 42″. 5
      20   13 47 58. 0   10 41 41. 2
Oct. 15   20 29 33. 6   0 25 38. 3
      17   21 42 49. 6 $+$ 0 9 43. 5
      22   21 29 29. 8   1 46 12. 7

CHAPITRE II.

Comparaison des observations avec des éléments osculatoires de la Comète.

Comme j'ai déjà remarqué plus haut je me suis servi des éléments osculatoires
de Mr. FAYE, pour la comparaison des observations. Les éléments réduits à l'équinoxe
moyen de Sept. 0 et au méridien de *Berlin* sont les suivants:

Passage au périhélie Sept. 2.514669 Temps moyen à *Berlin*.

Longitude du Périhélie . . . . $\pi =$ 342° 30′ 58″. 26
Long. du Nœud ascend. . . . $\Omega =$ 63 49 13. 72
Inclinaison. . . . . $i =$ 2 54 45. 04
Angle de l'excentricité. . . . . $\varphi =$ 38 6 57. 68
Moyen mouv. sid. . . . . $\mu =$ 650″. 2449

D'après ces éléments fut calculée l'éphéméride suivante pour minuit moyen de
Berlin et pour l'équinoxe moyen de Sept. 0. La réduction à l'équinoxe apparent
fut calculée à l'aide des constantes pour les jours moyens des éphémérides de Mr. ENCKE,
et se trouve devant les colonnes pour les ascensions droites et les déclinaisons.

Ephéméride pour minuit moyen de Berlin.

1844.	RÉD. à L'EQ. APP.	ASC. DROITE.	MOUV. HOR.	RÉD. à L'EQ. APP.	DÉCLINAISON.	MOUV. HOR.	LOG. DE LA DISTANCE.
Sept. 1	+14.4	0° 57′ 35″.9	+130.01	+6.7	−19° 36′ 8″.9	+65.26	9.27922
2	14.5	1 49 4.4	127.32	6.6	19 9 45.4	66.66	9.27952
3	14.6	2 39 26.3	124.47	6.6	18 42 49.9	67.93	9.28009
4	14.7	3 28 37.8	121.47	6.6	18 15 25.6	69.07	9.28093
5	14.7	4 16 36.3	118.39	6.6	17 47 35.2	70.09	9.28203
6	14.8	5 3 19.8	115.23	6.6	17 19 21.9	70.98	9.28340
7	14.9	5 48 46.5	111.97	6.6	16 50 48.8	71.75	9.28502
8	15.0	6 32 54.3	108.67	6.6	16 21 58.5	72.40	9.28689
9	15.1	7 15 42.1	105.30	6.6	15 52 54.3	72.92	9.28901
10	15.2	7 57 9.2	101.95	6.6	15 23 38.8	73.34	9.29138
11	15.3	8 37 15.0	98.55	6.6	14 54 14.7	73.63	9.29399
12	15.3	9 16 0.1	95.19	6.6	14 24 44.8	73.83	9.29683
13	15.4	9 53 24.2	91.82	6.6	13 55 11.6	73.90	9.29991
14	15.5	10 29 27.7	88.49	6.6	13 25 37.8	73.89	9.30321
15	15.6	11 4 11.5	85.17	6.6	12 56 5.7	73.77	9.30672
16	15.7	11 37 36.2	81.91	6.6	12 26 37.6	73.56	9.31044
17	15.8	12 9 43.4	78.71	6.6	11 57 15.4	73.26	9.31438
18	15.9	12 40 34.4	75.56	6.6	11 28 1.4	72.88	9.31851
19	16.0	13 10 10.2	72.45	6.6	10 58 57.8	72.40	9.32284
20	16.1	13 38 32.5	69.42	6.6	10 30 6.6	71.86	9.32735
21	16.2	14 5 42.9	66.46	6.6	10 1 29.1	71.24	9.33203
22	16.4	14 31 43.1	63.58	6.6	9 33 7.2	70.57	9.33689
23	16.5	14 56 34.9	60.76	6.6	9 5 2.2	69.83	9.34191
24	16.6	15 20 20.1	58.03	6.6	8 37 15.6	69.04	9.34710
25	16.7	15 43 0.7	55.37	6.6	8 9 48.6	68.20	9.35244
26	16.8	16 4 38.2	52.78	6.6	7 42 42.2	67.32	9.35793
27	16.9	16 25 14.7	50.28	6.6	7 15 57.5	66.40	9.36355
28	17.0	16 44 52.2	47.87	6.6	6 49 35.2	65.45	9.36932
29	17.1	17 3 32.9	45.55	6.6	6 23 36.4	64.45	9.37521
30	17.2	17 21 19.0	43.32	6.6	5 58 1.5	63.46	9.38123
Oct. 1	17.3	17 38 12.7	41.18	6.6	5 32 50.1	62.48	9.38739
2	17.5	17 54 16.2	39.14	6.6	5 8 2.6	61.47	9.39366
3	17.6	18 9 32.0	37.20	6.6	4 43 40.0	60.42	9.40004
4	17.7	18 24 2.4	35.36	6.6	4 19 42.4	59.38	9.40652
5	17.8	18 37 49.8	33.61	6.6	3 56 9.6	58.35	9.41312
6	17.9	18 50 56.6	31.98	6.6	3 33 1.5	57.33	9.41982
7	18.0	19 3 25.4	30.45	6.6	3 10 18.0	56.30	9.42661
8	18.1	19 15 18.8	29.03	6.6	2 47 59.1	55.28	9.43350
9	18.2	19 26 39.5	27.73	6.6	2 26 4.5	54.27	9.44047
10	18.4	19 37 30.1	26.52	6.6	2 4 34.0	53.27	9.44753
11	18.5	19 47 52.8	25.39	6.6	1 43 27.3	52.29	9.45467
12	18.6	19 57 49.6	24.36	6.6	1 22 43.9	51.33	9.46189

1844.	RÉD. à L'EQ. APP.	ASC. DROITE.	MOUV. HOR.	RÉD. à L'EQ. APP.	DÉCLINAISON.	MOUV. HOR.	LOG. DE LA DISTANCE.
Oct. 13	+18.8	20° 7′ 23″.0	+23.45	+6.7	—1° 2′ 23″.4	+50.39	9.46919
14	18.9	20 16 35.6	22.63	6.7	0 42 24.9	49.47	9.47656
15	19.0	20 25 30.0	21.94	6.7	0 22 49.1	48.52	9.48398
16	19.1	20 34 8.9	21.31	6.7	0 3 35.4	47.63	9.49147
17	19.2	20 42 33.2	20.74	6.7	+0 15 16.9	46.73	9.49902
18	19.3	20 50 44.9	20.26	6.7	0 33 48.1	45.87	9.50662
19	19.5	20 58 46.3	19.88	6.7	0 51 58.6	45.00	9.51427
20	19.6	21 6 39.0	19.53	6.7	1 9 48.7	44.17	9.52196
21	19.7	21 14 24.2	19.24	6.7	1 27 19.0	43.35	9.52969
22	19.8	21 22 3.2	19.03	6.8	1 44 29.7	42.55	9.53746
23	20.0	21 29 37.9	18.89	6.8	2 1 21.5	41.76	9.54527
24	20.1	21 37 9.4	18.76	6.8	2 17 54.7	41.00	9.55310
25	20.2	21 44 38.7	18.69	6.8	2 34 9.6	40.25	9.56097
26	20.4	21 52 6.9	18.68	6.8	2 50 6.8	39.53	9.56886
27	20.5	21 59 35.3	18.70	6.9	3 5 46.9	38.81	9.57677
28	20.6	22 7 4.9	18.78	6.9	3 21 10.1	38.13	9.58469
29	20.8	22 14 36.7	18.88	6.9	3 36 17.1	37.46	9.59264
30	20.9	22 22 11.6	19.03	6.9	3 51 8.4	36.81	9.60060
31	21.1	22 29 50.6	19.23	6.9	4 5 44.3	36.19	9.60857
Nov. 1	21.2	22 37 34.6	19.45	7.0	4 20 5.4	35.58	9.61655
2	21.4	22 45 24.5	19.71	7.0	4 34 12.3	35.00	9.62453
3	21.5	22 53 21.0	20.01	7.0	4 48 5.6	34.45	9.63252
4	21.7	23 1 25.3	20.35	7.0	5 1 45.8	33.91	9.64052
5	21.8	23 9 37.9	20.71	7.0	5 15 13.4	33.39	9.64852
6	22.0	23 17 59.5	21.10	7.1	5 28 28.8	32.89	9.65651
7	22.2	23 26 30.9	21.52	7.1	5 41 32.5	32.42	9.66450
8	22.3	23 35 12.9	21.98	7.1	5 54 24.8	31.95	9.67249
9	22.5	23 44 6.2	22.46	7.1	6 7 6.3	31.51	9.68047
10	22.6	23 53 11.2	22.96	7.1	6 19 37.4	31.08	9.68844
11	22.8	24 2 28.3	23.48	7.2	6 31 58.5	30.68	9.69639
12	23.0	24 11 58.0	24.00	7.2	6 44 10.0	30.29	9.70433
13	23.1	24 21 40.6	24.56	7.2	6 56 12.3	29.91	9.71226
14	23.3	24 31 37.0	25.14	7.2	7 8 5.8	29.54	9.72017
15	23.4	24 41 47.5	25.72	7.2	7 19 50.7	29.20	9.72806
16	23.6	24 52 12.2	26.31	7.3	7 31 27.3	28.88	9.73593
17	23.8	25 2 50.5	26.89	7.3	7 42 56.2	28.54	9.74377

De plus j'ai calculé les coëfficients différentiels des ascensions droites et des déclinaisons par rapport aux éléments de quatre en quatre jours.

1844. 0^h.	$Cos.\ \delta\ \dfrac{d\alpha}{d\pi}$	$Cos.\ \delta\ \dfrac{d\alpha}{d\Omega}$	$Cos.\ \delta\ \dfrac{d\alpha}{di}$	$Cos.\ \delta\ \dfrac{d\alpha}{dM}$	$Cos.\ \delta\ \dfrac{d\alpha}{d\mu}$	$Cos.\ \delta\ \dfrac{d\alpha}{d\varphi}$
Sept. 1	+ 5.3774	+ 0.00966	+ 2.5904	+ 28.967	+ 333.402	+ 3.2071
5	5.3513	0.01870	2.5598	28.570	442.422	4.3543
9	5.2977	0.02701	2.4896	27.946	537.387	5.3587
13	5.2185	0.03454	2.3863	27.131	616.234	6.1978
17	5.1152	0.04131	2.2576	26.166	678.358	6.8644
21	4.9906	0.04684	2.1116	25.087	724.307	7.3638
25	4.8466	0.05136	1.9552	23.925	755.401	7.7089
29	4.6851	0.05490	1.7944	22.705	773.211	7.9155
Oct. 3	4.5086	0.05757	1.6337	21.450	779.559	8.0020
7	4.3195	0.05917	1.4765	20.177	776.200	7.9871
11	4.1203	0.06017	1.3251	18.903	764.919	7.8880
15	3.9143	0.06047	1.1812	17.640	747.343	7.7220
19	3.7052	0.06012	1.0461	16.409	725.122	7.5063
23	3.4967	0.05941	0.9206	15.213	699.668	7.2547
27	3.2921	0.05833	0.8050	14.074	672.696	6.9793
31	3.0938	0.05691	0.6993	12.996	643.389	6.6904
Nov. 4	2.9039	0.05523	0.6032	11.985	614.311	6.3955
8	2.7236	0.05342	0.5162	11.040	585.433	6.1010
12	2.5541	0.05147	0.4380	10.163	557.110	5.8122
16	2.3963	0.04941	0.3680	9.360	530.228	5.5335
20	2.2500	0.04734	0.3055	8.621	504.484	5.2670

1844	$\dfrac{d\delta}{d\pi}$	$\dfrac{d\delta}{d\Omega}$	$\dfrac{d\delta}{di}$	$\dfrac{d\delta}{dM}$	$\dfrac{d\delta}{d\mu}$	$\dfrac{d\delta}{d\varphi}$
Sept. 1	+ 2.9479	−0.03837	−5.3699	+ 15.778	−227,670	−2.2313
5	2.9350	0.05657	5.2870	15.833	159.451	1.5196
9	2.8809	0.07366	5.1505	15.604	89,960	0.7955
13	2.7924	0.08960	4.9647	15.127	− 23.106	− 0.1005
17	2.6779	0.10390	4.7355	14.456	+ 38.024	+ 0.5335
21	2.5460	0.11606	4.4713	13.649	91.525	1.0865
25	2.4053	0.12632	4.1808	12.765	136.531	1.5494
29	2.2620	0.13439	3.8735	11.848	172.927	1.9215
Oct. 3	2.1210	0.14057	3.5573	10.938	201.300	2.2090
7	1.9849	0.14472	3.2396	10.055	222.398	2.4201
11	1.8558	0.14708	2.9269	9.2164	237.240	2.5655
15	1.7344	0.14779	2.6249	8.4308	246.778	2.6554
19	1.6211	0.14721	2.3359	7.7027	251.944	2.6990
23	1.5158	0.14546	2.0649	7.0330	253.560	2.7075
27	1.4182	0.14275	1.8130	6.4198	252.346	2.6859
31	1.3278	0.13939	1.5810	5.8607	248.929	2.6419
Nov. 4	1.2440	0.13547	1.3690	5.3514	243.795	2.5803
8	1.1663	0.13121	1.1764	4.8878	237.409	2.5062
12	1.0942	0.12672	1.0025	4.4653	230.045	2.4231
16	1.0273	0.12209	0.8462	4.0831	222.234	2.3342
20	0.9652	0.11741	0.7061	3.7349	213.967	2.2419

Avec l'éphémeride donnée plus haut toutes les observations furent exactement comparées et au besoin j'ai eu égard à la variation diurne du mouvement horaire. Le tableau suivant fait apercevoir, de quelle manière satisfaisante ces élémens représentent toute l'apparition de la comète. Je donne dans ce tableau la comparaison de toutes les observations à l'exception seule de celles, que les observateurs ont rejetées et de quelques autres, qui sont évidemment corrompues par une faute d'écriture. La réduction au grand cercle pour les ascensions droites pouvait presque toujours être négligée.

1844		OBSERVATOIRE.	TEMPS MOYEN à BERLIN.	ASC. DROITE OBSERVÉE.	DÉCLINAISON OBSERVÉE.	$\Delta \alpha$	$\Delta \delta$	
Sept.	2	Paris	11ʰ46′ 1″4	1°49′ 12″8	—19° 10′ 37″7	— 8.7	+ 1.6	
	2	„	12 31 41.0	1 50 31.1	19 9 47.9	+ 3.7	+ 1.6	
	2	„	14 2 43.1	1 53 36.9	19 8 7.6	— 1.1	+ 1.9	Merid.
	3	„	12 2 59.1	2 40 0.8	18 43 21.2	— 1.3	— 0.7	
	3	„	12 30 20.3	2 40 53.1	18 42 51.0	— 0.3	— 0.4	
	3	„	12 56 52.1	2 41 41.5	18 42 21.9	+ 2.7	+ 0.1	
	3	„	14 2 7.8	2 43 54.2	18 41 13.0	— 3.2	+ 4.9	Merid.
	4	„	11 59 10.4	3 29 4.9	18 16 1.0	— 1.2	— 0.7	
	4	„	14 1 27.4	3 32 54.2	18 13 44.0	+ 0.7	+ 1.9	Merid.
	5	Berlin	11 46 18.2	4 16 33.5		— 1.6		
	5	Paris	14 0 42.6	4 20 48.5		— 2.6		Merid.
	5	„	14 40 44.9	4 22 6.0	17 45 2.6	— 6.4	— 0.8	
	6	Berlin	13 48 26.6		17 17 57.2		+ 6.5	
	6	„	14 8 15.8	5 7 35.0		— 3.6		
	7	Vienne	12 1 35.5	5 48 52.9		+ 10.9		
	7	Paris	12 3 20.7	5 49 17.5	16 51 17.3	+ 1.8	— 2.2	
	7	„	13 58 57.3	5 52 42.8	16 49 4.3	— 2.5	+ 2.1	Merid.
	8	Berlin	12 3 31.6	6 33 31.0	16 22 40.3	— 9.3	—10.0	
	8	Altona	12 28 33.2	6 33 58.5 :	16 21 53.1 ::	+ 6.3	— 7.5	
	8	Berlin	13 13 45.0	6 35 25.8	16 21 5.6	— 5.5	— 0.4	Merid.
	8	Paris	13 57 56.9	6 36 41.7 :	16 20 17.8 :	— 1.8	+ 6.2	Merid.
	9	„	13 56 51.1	7 19 20.1	15 51 14.5	— 0.9	+ 7.2	Merid.
	10	„	13 55 40.0	8 0 39.2	15 21 53.0	— 1.2	+ 0.9	Merid.
	11	Berlin	11 20 33.8	8 36 39.3	14 55 45.1	— 3.7	+ 7.3	
	12	Hambourg . .	13 22 30.7	9 18 23.6	14 23 46.9	0.0	+ 8.2	Merid.
	12	Altona	13 23 29.5	9 18 21.3	14 23 41.1	+ 3.7	+ 3.6	Merid.
	12	Hambourg . .	13 27 20.3	9 18 31.1	14 23 26.0	— 0.2	— 6.7	
	13	„ . .	10 23 44.5	9 51 30.5	13 57 30.6	— 2.1	—12.8	
	14	Paris	13 50 1.7	10 32 24.5 :	13 23 54.8 :	— 1.7	— 0.5	Merid.
	„	„	14 48 50.6	10 33 30.1	13 22 35.3	+ 11.5	— 7.4	
	15	Breslau	10 45 25.5	11 2 38.2	12 57 31.1	+ 2.9	+ 0.3	
	15	Cambridge . .	13 32 44.0	11 6 37.3		+ 1.8		
	15	„ . .	13 32 9.6		12 55 0.4		+ 14.4	
	15	„ . .	14 20 7.2	11 7 33.1		+ 7.4		
	15	„ . .	14 19 34.9		12 53 43.7		— 3.4	
	17	Breslau	10 45 25.5	12 8 24.4	11 58 34.6	— 3.0	— 5.3	
	18	„	10 45 25.5	12 39 21.0	11 29 27.8	— 4.6	+ 2.4	
	18	Cambridge . .	12 5 14.8	12 41 5.2		+ 1.1		
	18	„ . .	12 4 44.3		11 28 48.5		+ 21.0	
	18	„ . .	12 10 15.3	12 41 4.0		+ 8.2		
	18	„ . .	12 9 41.7		11 28 15.3		— 6.1	
	19	Paris	11 32 37.5	13 10 2.7	11 0 0.7	+ 2.8	0.0	
	19	„	12 19 38.3	13 10 39.5	10 59 8.2	+ 17.5	+ 3.8	
	19	Starfield . . .	13 6 14.4	13 11 49.5		+ 0.5		
	19	„ . . .	13 7 17.7		10 58 11.3		+ 2.7	
	19	Paris	13 41 0.3	13 12 22.5	10 57 24.7 ::	+ 3.3	— 1.8	Merid.
	20	Hambourg . .	10 3 37.7	13 36 46.4	10 32 58.0	+ 3.1	+ 1.7	
	20	Vienne	10 37 26.1	13 37 17.5	10 31 39.9	— 4.3	+ 1.0	

1844	OBSERVATOIRE.	TEMPS MOYEN à BERLIN.	ASC. DROITE OBSERVÉE.	DÉCLINAISON OBSERVÉE.	$\Delta\alpha$	$\Delta\delta$	
Sept. 20	Cambridge . .	12ʰ 5′ 16″2	13°39′ 0″4		+ 3.4		
20	,, . .	11 52 5.2		—10°30′ 52″9		+ 5.7	
20	,, . .	12 13 6.4		10 30 18.0		— 3.8	
20	Starfield . . .	12 39 44.0	13 39 34.0	10 29 54.9	+ 6.8	+ 4.6	
20	Greenwich . .	13 48 17.4	13 40 43.0	10 28 4.5	+ 8.6	+12.1	Merid.
21	Hambourg . .	10 37 29.3	14 4 36.3	10 3 34.4	+ 3.9	— 3.0	
21	Altona	11 18 39.6		10 2 39.9		+ 9.0	
21	,, ...	11 26 53.0	14 5 21.6		+ 8.9		
21	Cambridge . .	12 4 35.3	14 6 2.7		+10.0		
21	,, . .	12 19 20.6	14 6 23.8		+ 3.9		
21	,, . .	12 3 58.3		10 1 57.6		+ 2.9	
21	,, . .	12 18 46.7		10 1 40.6		+ 3.4	
21	Altona	13 5 45.0	14 7 11.8	10 0 43.1	— 1.8	+ 1.0	Merid.
21	Hambourg . .	13 6 18.6	14 6 56.1		+14.3		Merid.
21	Greenwich . .	13 46 8.0	14 7 23.8	9 59 12.3	+30.7	— 6.3	Merid.
22	Hambourg . .	10 58 23.4	14 31 0.1	9 34 54.0	+ 4.6	+ 4.3	
22	Altona	13 3 32.7	14 33 8.7	9 32 21.9	— 3.7	— 1.2	Merid.
22	Hambourg . .	13 4 7.1	14 33 7.3	9 32 22.2	— 1.8	— 0.2	Merid.
22	,, . .		14 32 51.8		+13.5		Merid.
24	Cambridge . .	11 22 3.1	15 20 5.8		+ 5.9		
24	,, . .	11 26 31.8		8 38 17.9		— 4.7	
24	,, . .	11 44 51.9	15 20 28.8		+ 3.0		
24	Hambourg . .	11 57 42.2	15 20 39.4	8 38 10.0	— 0.5	+22.4	
24	Cambridge . .	12 4 12.4		8 37 40.7		+ 1.0	
24	Altona	12 58 54.1	15 21 33.1	8 36 38.4	— 1.2	+ 1.0	Merid.
24	Hambourg . .	12 59 28.6	15 21 35.5	8 36 37.9	— 3.0	+ 1.3	Merid.
24	Greenwich . .	13 39 18.5	15 22 9.6	8 35 24.6	+ 1.2	+ 7.7	Merid.
25	Cambridge . .	11 15 53.3	15 42 40.9		+ 7.6		
25	,, . .	11 15 13.0		8 11 1.4		— 6.0	
25	Paris	13 38 3.7	15 44 44.2:	8 8 28.2	+ 0.7	+ 3.7	
27	Altona	12 51 24.4	16 26 12.7	7 15 14.5	+ 0.4	—13.9	Merid.
28	Hambourg . .	12 49 19.5	16 45 26.7	6 48 46.4	+20.4	—22.2	Merid.
29	Greenwich . .	13 26 29.0	17 4 56.8	6 21 59.8	— 2.7	+ 0.8	Merid.
30	Vienne	9 46 51.5	17 19 59.1	6 0 17.0	+ 0.8	+ 1.3	
30	Paris	11 13 45.9	17 21 10.7	5 59 13.4	+ 2.6	— 1.2	
30	Cambridge . .	11 26 21.3	17 21 23.2		— 1.9		
30	,, . .	11 25 43.9		5 58 49.8		—13.4	
30	Paris	11 33 49.5	17 21 20.2	5 58 53.7	+ 5.8	+ 0.2	
30	,, ...	11 55 53.9	17 21 35.9	5 58 28.9	+ 3.9	— 1.3	
30	,, ...	13 14 23.5	17 22 35.6:		— 7.2		Merid.
30	Cambridge . .	13 23 21.2		5 56 52.8		— 6.2	Merid.
30	Greenwich . .	13 23 43.8	17 22 40.2	5 56 33.1	— 5.1	+ 4.6	Merid.
30	Paris	13 56 25.6	17 22 53.2	5 56 22.9	+ 1.2	+ 0.1	
Oct. 1	Vienne	9 4 28.6	17 36 23.4	5 35 44.2	+ 6.1	— 2.1	
1	Paris	13 11 34.7	17 39 24.9		— 7.2		Merid.
1	,, ...	13 48 40.3	17 39 42.3	5 31 22.9	— 3.0	+ 2.0	
2	Cambridge . .	10 50 24.4	17 53 58.0		+ 1.7		
2	,, . .	10 49 12.6		5 9 34.3		— 5.0	
2	Hambourg . .	11 17 29.5	17 54 7.3	5 9 4.2	+ 4.6	— 6.8	
2	,, . .	12 38 13.7	17 55 5.3	5 7 47.6	— 7.8	— 0.5	Merid.

1844		OBSERVATOIRE.	TEMPS MOYEN à BERLIN.	ASC. DROITE OBSERVÉE.	DÉCLINAISON OBSERVÉE.	$\Delta\alpha$	$\Delta\delta$	
Oct.	2	Cambridge . .	$13^h 17' 39''3$	$17°55' 28''6$	— $5°$ 7' 10''2	— 5.7	+ 2.6	Merid.
	2	Greenwich . .	13 18 2.2	17 55 19.5	5 6 43.6	+ 3.7	+ 5.4	Merid.
	2	Paris	13 47 41.1	17 55 39.5	5 6 43.5	+ 1.1	+ 7.8	
	3	Hambourg . .	10 49 5.9	18 9 10.3	4 45 12.2	+ 3.0	— 3.5	
	3	Cambridge . .	11 32 9.4	18 9 40.0		+ 0.2		
	3	" . .	11 31 34.9		4 44 30.7		— 1.7	
	3	Altona	12 34 39.6	18 10 6.6:	4 43 17.0:	+ 3.2	—12.5	Merid.
	3	Paris	13 5 47.9	18 10 45.2::	4 42 49.6:	—16,0	— 6.9	Merid.
	3	Cambridge . .	13 14 44.1	18 10 41.8	4 42 47.7	— 7.2	— 1.1	Merid.
	3	Greenwich . .	13 15 7.0	18 10 36.0	4 42 25.6	— 1.2	+ 5.7	Merid.
	4	Vienne	8 35 52.9	18 22 22.6	4 22 59.8	— 2.9	+ 1.9	
	4	Breslau	8 45 25.5	18 22 33.7	4 22 46.5	— 8.6	— 2.1	
	4	Manheim . . .	10 9 3.1	18 23 33.4	4 21 52.4	— 6.6	— 2.0	
	4	Hambourg . .	10 22 59.7	18 23 28.7	4 21 44.3	+ 3.7	+ 2.2	
	4	Cambridge . .	11 5 15.6	18 23 55.6		+ 1.9		
	4	" . .	11 15 46.1		4 20 44.9		— 4.6	
	4	Altona	12 31 46.0	18 24 44.4:	4 19 25.0:	— 6.8	— 9.8	Merid.
	5	Breslau	8 45 25.5	18 36 28.5	3 58 55.6	—10.3	—16.8	
	5	Paris	11 14 55.4	18 37 55.0	3 57 14.8	— 4.2	— 0.2	
	5	"	11 34 29.4	18 37 59.9	3 56 54.1	+ 0.2	— 2.0	
	5	"	11 52 54.2	18 38 7.3	3 56 38.1	+ 1.4	— 0.1	
	5	"	12 59 47.5	18 38 42.0::	3 55 24.0::	— 1.0	— 7.2	Merid.
	5	Cambridge . .	13 8 44.3	18 38 45.7	3 55 14.4	— 0.9	—11.3	Merid.
	6	Hambourg . .	9 46 18.6	18 50 12.3	3 35 23.6	+ 2.3	— 8.3	
	6	Goettingue . .	10 54 21.0	18 50 51.1		— 4.7		
	6	Altona	12 25 41.9	18 51 42.9:	3 32 59.2	—15.9	— 0.5	Merid.
	6	Hambourg . .	12 26 15.3		3 32 52.4		— 6.8	Merid.
	6	Altona	12 49 5.6	18 51 46.5:	3 32 37.7::	— 8.9	+ 0.3	
	7	Hambourg . .	9 59 0.5	19 2 42.8	3 12 34.0	+ 9.3	— 0.2	
	7	Cambridge . .	10 35 23.7	19 3 8.4		+ 2.8		
	7	" . .	10 45 15.1		3 11 42.4		— 7.4	
	7	Paris	11 43 5.3	19 3 49.4	3 10 53.9	— 9.3	— 0.6	
	7	Hambourg . .	12 22 58.8		3 10 10.1		— 8.5	
	7	Cambridge . .	13 2 34.3	19 4 17.8	3 9 41.3:	— 3.8	+ 0.2	Merid.
	7	Greenwich . .	13 2 57.5	19 4 12.7	3 9 19.1	+ 1.5	+ 4.7	Merid.
	8	Breslau	8 45 25.5	19 14 4.3	2 50 40.1	— 1.8	—11.9	
	8	"	8 45 25.5	19 13 57.6	2 50 33.8	+ 4.9	—18.2	
	8	Vienne	8 54 43.6	19 14 5.2		+ 2.0		
	8	"	9 0 10.6		2 50 35.2		— 3.1	
	8	Manheim . . .	9 53 40.1	19 14 41.8	2 50 10.2	+ 5.6	— 5.6	
	8	Paris	12 47 25.9	19 16 1.0	2 47 38.8	— 1.9	+ 3.2	
	8	"	13 15 20.9	19 16 16.1	2 47 11.4	— 6.2	+ 1.6	
	9	Hambourg . .	10 3 53.7	19 26 13.3	2 28 9.7	— 0.2	— 1.0	
	9	Manheim . . .	10 11 6.1	19 26 17.6	2 28 0.9	— 0.3	— 1.9	
	9	Altona	12 16 15.9	19 27 13.5	2 26 3.2	— 9.3	— 7.7	Merid.
	10	Vienne	9 9 23.9		2 6 58.2		— 0.7	
	10	"	9 12 42.2	19 36 33.3		+ 1.2		
	10	Cambridge . .	9 41 12.5	19 36 56.8		+ 3.2		
	10	Hambourg . .	10 11 53.3	19 36 58.9	2 6 29.6	+10.0	— 1.0	
	10	Paris	11 3 21.3	19 37 35.1	2 5 43.7	— 4.1	+ 0.3	

1844	OBSERVATOIRE.	TEMPS MOYEN à BERLIN.	ASC. DROITE OBSERVÉE.	DÉCLINAISON OBSERVÉE.	$\Delta\alpha$	$\Delta\delta$	
Oct. 10	Cambridge . .	12ʰ 53′ 2″.0	19° 38′ 13″.9		— 3.0		Merid.
10	Greenwich . .	12 53 26.5	19 38 30.0	— 2° 3′ 49″.6	—18.9		Merid.
11	Paris	10 16 51.2	19 47 29.7	1 45 10.4	+ 8.6	— 5.4	
11	Cambridge . .	10 38 45.9	19 47 46.8		— 0.9		
11	Manheim . .	11 25 3.1	19 47 46.7	1 44 18.2	+ 13.2	+ 1.6	
12	Vienne	8 53 13.8	19 56 53.1	1 25 12.1	— 0.8	— 4.7	
12	Hambourg . .	9 8 33.5	19 56 59.1	1 25 24.9	+ 10.8	— 5.2	
12	Manheim . .	10 23 25.1	19 57 33.1	1 24 24.6	+ 3.7	— 0.1	
13	Vienne	8 51 31.9	20 6 22.5	1 4 55.4	+ 5.5	+ 0.4	
13	Paris	11 49 29.5	20 7 39.5	1 2 41.8	+ 0.9	— 8.0	
13	Hambourg . .	12 3 47.2	20 7 34.1	1 2 40.3	+ 8.2	+ 1.1	Merid.
13	Cambridge . .	12 43 18.0		1 2 4.3:		+ 1.3	Merid.
13	Paris	13 45 28.7	20 8 0.6	1 1 6.2	+ 15.4	— 6.1	
13	Vienne	8 32 1.6	20 15 31.6	0 45 16.6	+ 4.5	+ 6.8	
14	Breslau . . .	8 45 25.5	20 15 43.2	0 44 58.8	— 2.2	0.0	
14	Hambourg . .	8 56 27.1	20 15 53.7	0 45 18.0	+ 3.0	+ 3.4	
14	Goettigue . .	9 40 55.0	20 16 11.3		+ 0.2		
14	„ . .	9 45 56.0		0 44 30.3		— 3.0	
14	Hambourg . .	12 0 29.0		0 42 22.6		—20.3	
14	Greenwich . .	12 40 16.1	20 16 54.3	0 41 40.0	+ 14.5	— 7.0	
15	Hambourg . .	9 1 27.3	20 24 49.0	0 25 29.2	+ 5.5	— 1.5	
15	Paris	10 28 59.0	20 25 27.2	0 24 17.4	— 3.2	— 1.9	
15	Altona	11 56 34.1	20 25 46.9	0 23 2.0	— 0.1	— 7.9	Merid.
15	Hambourg . .	11 57 7.6	20 25 40.3	0 23 10.5	+ 6.7	+ 0.7	Merid.
15	Starfield . . .	14 2 49.8	20 26 27.6		+ 0.1		
15	„ . . .	14 0 17.5		0 21 24.0		— 5.8	
16	Greenwich . .	12 33 34.5	20 34 30.9	0 3 12.6	+ 8.1	+ 8.5	
16	Hambourg . .	15 52 6.5	20 35 29.8	— 0 0 47.3	+ 5.4	— 1.3	
17	Breslau . . .	8 45 25.5	20 41 48.7	+ 0 13 12.1	— 3.7	—21.2	
17	Paris	10 52 8.2	20 42 37.6	0 14 9.1	— 2.8	— 0.7	
17	„	11 24 58.5	20 42 31.7	0 14 32.7	+ 12.0	+ 1.3	
17	Greenwich . .	12 30 12.1	20 42 54.0	0 15 39.3	+ 7.9	+ 5.8	Merid.
17	Starfield . . .	13 4 29.5	20 43 13.6		— 1.4		
17	„ . . .	13 3 11.3		0 15 53.8		— 4.6	
18	Vienne	8 23 37.5	20 49 49.3	0 31 9.4	+ 1.7	0.0	
18	Breslau . . .	8 45 25.5	20 49 55.0	0 31 36.1	+ 3.4	—10.2	
18	„ . . .	8 45 25.5	20 49 59.1	0 31 38.0	— 0,7	—12.1	
18	Paris	11 27 1.5		0 33 11.6		— 3.9	
19	Hambourg . .	10 32 3.4	20 58 38.5	0 50 36.7	+ 1.5	— 0.3	
19	Paris	10 53 27.4	20 58 49.5	0 50 53.7	— 0.6	+ 0.8	
19	„	11 39 44.6	20 59 1.0	0 51 30.1	— 0.2	— 1.4	
19	Altona	11 43 2.4	20 58 49.9	0 51 31.7	+ 9.4	— 2.0	Merid.
19	Hambourg . .	11 43 35.5	20 58 38.7	0 51 32.4	+ 20.5	— 2.9	Merid.
19	Altona	12 25 20.4	20 59 5.6	0 52 0.7	+ 4.9	+ 0.6	
20	Hambourg . .	9 0 10.9	21 6 13.7	1 7 20.8	— 4.6	— 0.3	
20	Altona	11 39 38.2	21 6 48.1	1 9 23.0	+ 3.3	— 4.8	Merid.
20	Hambourg . .	12 46 50.9	21 7 4.3	1 10 10.2	+ 4.2	— 2.6	
20	„ . .	13 32 39.9	21 7 16.8	1 10 42.7	+ 3.9	— 1.3	
21	Paris	13 44 38.1	21 15 10.8	1 28 21.9	— 1.1	— 1.1	
22	Hambourg . .	10 40 55.5	21 21 54.9	1 43 12.1	+ 5.5	+ 6.8	

1844	OBSERVATOIRE.	TEMPS MOYEN à BERLIN.	ASC. DROITE OBSERVÉE.	DÉCLINAISON OBSERVÉE.	$\Delta \alpha$	$\Delta \delta$	
Oct. 22	Londres . . .	12^h 0' 46".5	21°22' 21".7	+ 1°44' 15".6	+ 1.6	+ 0.5	
22	Starfield . . .	12 10 50.4	21 22 17.8		+ 8.6		
22	„	12 7 53.4		1 44 28.3		— 7.6	
22	Greenwich. .	12 13 10.4	21 22 28.2	1 45 7.1	— 1.9	—23.3	Merid.
26	Altona. . . .	11 19 3.1	21 52 3.6::	2 49 32.9::	+ 10.0	— 6.0	Merid.
29	Hambourg. .	9 34 30.9	22 14 18.2	3 34 43 9	— 2.2	— 9.6	
30	Vienne. . . .	6 56 30.6	22 20 58.8	3 47 55.3	— 2.4	+ 13.6	
30	Paris.	13 40 39.3	22 22 44.0	3 52 10.5	+ 12.1	—10.6	
31	Hambourg. .	8 3 33.8	22 29 13.4	4 3 15.8	— 9.6	— 5.3	
31	Cambridge. .	9 39 26.1	22 29 28.8		+ 3.4		
31	„	9 57 4.6		4 4 22.6		— 3.3	
31	Paris. . . .	10 13 24.7	22 29 47.8	4 4 37.8	— 6.5	— 7.8	
31	„	10 50 45.3	22 29 54.1	4 4 53.8	— 3.1	— 1.1	
31	Altona. . . .	11 1 54.7	22 29 53.3	4 5 9.3	— 1.2	—11.0	
31	Paris.	11 9 37.3	22 29 50.7	4 5 14.1	+ 5.2	—10.0	
Nov. 1	Elberfeld. . .	7 45 36.1	22 36 45.8	4 17 25.2	— 3.3	— 1.1	
1	Hambourg. .	7 51 15.8	22 36 46.9	4 17 30.5	— 3.7	— 3.5	
1	Altona. . . .	10 58 28.7	22 37 23.7	4 19 23.2	+ 11.0	— 4.9	
2	Hambourg. .	10 5 11,8	22 45 16.1	4 33 0.1	— 6.3	— 5.1	
4	Vienne. . . .	7 47 4.2	23 0 15.0		+ 6.7		
4	„	7 51 31.9		4 59 16.6		+ 15.0	
4	Londres . . .	10 55 56.5	23 1 25.0	5 0 55.5	+ 0.9	+ 4.9	
5	Paris.	13 13 42.4	23 10 13.3	5 15 40.0	+ 4.3	+ 6.1	
6	Londres . . .	10 21 28.5	23 17 29.8	5 27 31.4	+ 18.8	— 5.2	
6	Paris.	10 50 10.9	23 18 2.6	5 27 43.5	— 5.8	— 0.8	
6	„	11 38 13.1	23 18 10.6	5 28 14.2	+ 0.5	— 5.2	
8	„	10 49 0.9	23 35 7.3	5 53 43.4	+ 1.4	— 3.8	
3	„	11 18 21.7	23 35 7.7	5 54 0.1	+ 10.0	— 4.8	
8	„	11 51 31.0	23 35 26.8	5 54 13.3	+ 1.3	— 0.6	
8	„	12 12 1.5	23 35 24.4	5 54 40.0	+ 10.4	—16.1	
9	Breslau . . .	8 45 25.5	23 43 24.4	6 5 46.1	— 7.6	—14.9	
9	Cambridge. .	8 58 55.4	23 43 16.6		+ 8.9		
9	„	9 2 36.2		6 5 32.8		— 7.6	
9	Londres . . .	9 51 45.5	23 43 31.5	6 5 45.4	+ 11.6	+ 5.8	
10	Vienne. . . .	7 50 12.6	23 52 0.9	6 17 33.6	— 2.4	+ 1.6	
10	Breslau . . .	8 45 25.5	23 52 28.8	6 18 1.6	— 9.3	+ 2.1	
11	Paris.	11 37 56.4	24 2 45.6	6 31 39.7	— 6.8	+ 1.0	
11	Hambourg. .	11 56 58.1	24 2 41.8	6 31 39.6	+ 2.6	+ 9.8	
13	Cambridge. .	10 22 49.4	24 21 20.1		+ 3.8		
13	„	10 43 46.2		6 55 32.9		— 5.3	
14	Vienne. . . .	7 38 2.4	24 30 15.7		— 5.0		
14	Hambourg. .	12 24 25.3	24 32 5.6	7 8 20.2	— 2.1	— 9.6	
15	Cambridge. .	13 29 9.3	24 42 44.1		— 3.2		
15	„	13 47 3.4		7 20 46.1		— 9.8	
17	Vienne. . . .	10 3 31.8	25 2 31.8	7 42 4.2	— 9.6	+ 3.9	
30	Londres . . .	8 16 26.5	27 40 3.0::	10 0 7.9	+ 34.7	+ 12.8	Très incertaine.
Dec. 5	Cambridge. .	11 2 0.9	28 53 37.2		— 1.7		
5	„	11 6 12.7		10 51 10.4		— 5.4	
6	Londres . . .	8 29 45.5	29 6 57.9	. 10 59 30.3	— 4.1	+ 13.1	
7	Cambridge. .	10 2 50.5	29 23 6.6		+ 0.9		
7	„	10 4 8.3		11 10 20.1		—21.1	

D'après ce tableau j'ai dérivé pour dix instants les écarts moyens de l'éphémeride, en n'ayant pas égard aux observations, qui s'éloignent plus de quinze secondes de l'éphémeride et à deux ou trois des observations, dont je reçus trop-tard les étoiles de comparaison.

			$\Delta\alpha$			$\Delta\delta$		
Sept.	5	12ʰ	— 1″.46	20 obs.	+ 0″.34	17 obs.
»	15	0	+ 1.40	18 »	+ 0.23	18 »
»	22	12	+ 2,83	23 »	+ 1.69	22 »
Oct.	1	0	— 0.56	19 »	— 1.44	18 »
»	5	0	— 2.48	20 »	— 3.34	21 »
»	9	0	+ 0.03	19 »	— 1.78	18 »
»	13	18	+ 4.33	18 »	— 2.06	20 »
»	19	0	+ 2.74	19 »	— 1.42	20 »
»	29	12	+ 0.96	18 »	— 3.88	17 »
Nov.	10	0	+ 0.50	21 »	— 0.72	17 »

On obtient en conséquence les positions normales suivantes, se rapportant toutes à l'équinoxe moyenne de Sept. 0.

Sept.	5.5	4° 16′ 37″.8	— 17° 47′ 35″.5
»	15.0	10 46 58.2	13 10 51.6
»	22.5	14 31 40.3	9 33 8.9
Oct.	1.0	17 29 52.9	5 45 21.5
»	5.0	18 31 3.8	4 7 49.6
»	9.0	19 21 3.0	2 36 57.0
»	13.75	20 9 38.7	0 57 19.6
»	19.0	20 54 44.0	+ 0 42 57.4
»	29.5	22 14 35.7	3 36 21.0
Nov.	10.0	23 48 36.7	6 13 23.9

Plus tard Mr. HORNSTEIN a eu la bonté, de me communiquer les observations de *Vienne*, telles qu'elles résultent après une détermination exacte des étoiles de comparaison. Mais comme alors j'avais déjà achévé les calculs relatifs à l'orbite elliptique je donnerai ici seulement la comparaison de ces observations avec les élémens de Mr. FAYE:

	T. M. à Vienne.	$\Delta\alpha$	$\Delta\delta$
Sept.	7 11ʰ 57′ 55″.1	— 9.7	
»	7 11 49 19.5		— 14.2
»	8 12 15 20.3	— 5.6	— 4.4

3 *

T. M. à Vienne.				$\Delta\alpha$	$\Delta\delta$
Sept.	14	11^h 41′	29″.4	— 0.7	+ 3.0
»	15	10 ·59	59.1	+ 6.4	+ 2.5
»	20	10 51	7.3	— 2.5	+ 0.2
»	30	10 0	46.4	+ 2.1	+ 2.1
Oct.	1	9 18	39.7	— 4.8	— 2.2
»	4	8 49	44.7	— 3.5	+ 1.5
»	8	9 8	53.6	— 0.8	
»	8	9 14	20.6		— 2.8
»	10	9 26	55.1	+ 1.4	
»	10	9 23	36.8		+ 2.8
»	12	9 7	31.4	— 0.4	+ 4.2
»	13	9 5	52.1	+ 4.2	— 2.1
»	14	8 46	24.1	+ 3.2	+ 6.2
»	18	8 38	47.5	+ 1.8	— 0.4
»	30	7 11	40.6	— 1.5	+ 15.5.:
Nov.	4	8 2	32.3	+ 5.6	
»	4	8 6	53.7		+ 14.5
»	10	8 5	10.4	— 2.7	+ 1.2
»	14	7 54	18.7	+ 4.2	
»	17	10 20	2.5	— 9.9.	+ 3.6

CHAPITRE III.

Perturbations de la comète durant son apparition et élémens purement elliptiques.

J'ai calculé les différentielles des perturbations planétaires pour toute l'apparition de la comète de quatre en quatre jours, en me servant des formules, publiées par Mr. ENCKE dans les éphémerides de Berlin :

$$\frac{di}{dt} = r \ Cos. \ u \ \mathbf{W}$$

$$\frac{d\Omega}{dt} = \frac{1}{Sin. \ i} \ r \ Sin. \ u \ \mathbf{W}$$

$$\frac{d\varphi}{dt} = a\, Cos.\, \varphi\, Sin.\, v\, \mathrm{R} + a\, Cos.\, \varphi\, \{Cos.\, v + Cos.\, \mathrm{E}\}\, \mathrm{S}_c$$

$$\frac{d\pi}{dt} = -\frac{p}{e}\, Cos.\, v\, \mathrm{R} + \frac{1}{e}\left\{\frac{p}{r} + 1\right\}\, r\, Sin.\, v\, \mathrm{S} + tg\, \tfrac{1}{2}\, i\, r\, Sin.\, u\, \mathrm{W}$$

$$\frac{d\mu}{dt} = -\frac{3\,k}{\sqrt{a}}\, e\, Sin.\, v\, \mathrm{R} - \frac{3\,k}{\sqrt{a}}\, p\, \frac{1}{r}\, \mathrm{S}$$

$$\frac{d\mathrm{M}}{dt} = \{p\, Cotg\, \varphi\, Cos.\, v - 2\, Cos.\, \varphi\, r\}\, \mathrm{R} - Cotg\, \varphi\left\{\frac{p}{r} + 1\right\}\, r\, Sin.\, v\, \mathrm{S} + \int \frac{d\mu}{dt}\, dt$$

où les quantités R, S, W sont les composantes de la force perturbatrice parallèles à trois axes, dont l'une W est perpendiculaire à l'orbite de la comète, l'autre, S, dans le plan de l'orbite perpendiculaire au rayon vecteur, et R parallèle au rayon vecteur. Puis j'ai dérivé à l'aide des quadratures les variations des éléments, que je donne ci-après de quatre en quatre jours. Les perturbations se rapportent également à l'équinoxe moyenne fixe et commencent au périhélie de la comète Sept 2.5.

1844		$\delta\pi$	$\delta\Omega$	δi	δM	$\delta\mu$	$\delta\varphi$
Sept.	5	+ 1.21	− 3 18	+ 0.02	− 0.224	+ 0.00075	− 0.10
	9	3.06	8.04	0.08	0.548	0.00321	0.38
	13	4.74	12.52	0.15	0.802	0.00730	0.85
	17	6.21	16.51	0.23	0.956	0.01274	1.47
	21	7.45	19.96	0.31	1.005	0.01932	2.21
	25	8.46	22.85	0.39	0.935	0.02680	3.05
	29	9.23	25.23	0.46	0.730	0.03509	3.98
Oct.	3	9.76	27.16	0.53	− 0.383	0.04414	4.98
	7	10.04	28.66	0.59	+ 0.111	0.05391	6.03
	11	10.07	29.83	0.64	0.754	0.06428	7.12
	15	9.88	30.71	0.69	1.542	0.07503	8.24
	19	9.48	31.38	0.73	2.464	0.08598	9.36
	23	8.92	31.89	0.76	3.511	0.09678	10.45
	27	8.21	32.27	0.79	4.674	0.10804	11.54
	31	7.37	32.57	0.82	5.951	0.11712	12.61
Nov.	4	6.44	32.80	0.84	7.341	0.13029	13.67
	8	5 41	32.96	0.86	8.842	0.14152	14.70
	12	4.31	33.10	0.87	10.450	0.15281	15.73
	16	3.14	33.21	0.89	12.163	0.16410	16.75

La variation δM renferme déjà l'intégral double $\iint \frac{d\mu}{dt}\, dt$, de sorte que la constante, qu'il faut ajouter est l'anomalie moyenne calculée d'après les éléments purement elliptiques; de même que les constantes pour les autres variations sont les éléments purement elliptiques. En multipliant ces valeurs des perturbations par les coefficients différentiels des ascensions droites et des déclinaisons par rapport aux éléments et en observant, que selon la méthode employée dans le calcul des perturbations on ne regarde l'élément du mouvement moyen comme variable, que tant qu'il influe sur le rayon vecteur, on obtient les valeurs des perturbations des lieux géocentriques :

		$d\alpha$	$d\delta$
Sept.	5	— 0.12	— 0.02
»	9	— 0.11	+ 0.04
»	13	+ 0.03	+ 0.17
»	17	+ 0.24	+ 0.38
»	21	+ 0.35	+ 0.58
»	25	+ 0.45	+ 0.83
»	29	+ 0.56	+ 1.15
Oct.	3	+ 0.72	+ 1.51
»	7	+ 0.89	+ 1.89
»	11	+ 0.98	+ 2.26
»	15	+ 0.99	+ 2.53
»	19	+ 0.88	+ 2.77
»	23	+ 0.78	+ 3.00
»	27	+ 0.67	+ 3.19
»	31	+ 0.50	+ 3.30
Nov.	4	+ 0.36	+ 3.41
»	8	+ 0.21	+ 3.47
»	12	+ 0.03	+ 3.51
»	16	— 0.19	+ 3.51

Si l'on ajoute les corrections de ce tableau aux écarts des observations donnés plus haut, on obtient les erreurs suivants:

		$\Delta\alpha$	$\Delta\delta$
Sept.	5.5	— 1.66	+ 0.32
»	15.0	+ 1.53	+ 0.51
»	22.5	+ 3.22	+ 2.36
Oct.	1.0	+ 0.08	— 0 11
»	5.0	— 1.68	— 1.68
»	9.0	+ 0.96	+ 0.28

	$\Delta\alpha$	$\Delta\delta$
Oct. 13.75	+ 5.32	+ 0.40
» 19.0	+ 3.62	+ 1.35
» 29.5	+ 1.52	— 0.62
Nov. 10.0	+ 0.62	+ 2.77

En établissant les équations de condition on a:

	const	$d\pi$	$d\Omega$	di	dM	$d\varphi$	$d\mu$
Sept. 5.5	$0 = -1.66$	$+5.3458$	$+0.0197$	$+2.5531$	$+28.504$	$+4.4882$	$+459.31$
» 15.0	$0 = +1.53$	$+5.1642$	$+0.0381$	$+2.3241$	$+26.634$	$+6.5520$	$+649.32$
» 22.5	$0 = +3.22$	$+4.9392$	$+0.0487$	$+2.0543$	$+24.663$	$+7.5139$	$+737.98$
Oct. 1.0	$0 = +0.08$	$+4.5949$	$+0.0564$	$+1.7104$	$+22.055$	$+7.9732$	$+777.72$
» 5.0	$0 = -1.68$	$+4.4236$	$+0.0584$	$+1.5613$	$+20.869$	$+7.9963$	$+779.23$
» 9.0	$0 = +0.96$	$+4.2293$	$+0.0597$	$+1.4061$	$+19.549$	$+7.9522$	$+772.02$
» 13.75	$0 = +5.32$	$+3.7989$	$+0.0604$	$+1.2249$	$+18031$	$+7.7791$	$+753.32$
» 19.0	$0 = +3.62$	$+3.7052$	$+0.0601$	$+1.0461$	$+16.409$	$+7.5063$	$+725.12$
» 29.5	$0 = +1.52$	$+3.0204$	$+0.0574$	$+0.7378$	$+13.392$	$+6.7994$	$+654.20$
Nov. 10.0	$0 = +0.62$	$+2.6374$	$+0.0424$	$+0.4760$	$+10.593$	$+5.9559$	$+571.20$
Sept. 5.5	$0 = +0.32$	$+2.9304$	-0.0588	-5.2728	$+15.819$	-1.4230	-150.76
» 15.0	$0 = +0.51$	$+2.7373$	-0.1102	-4.6078	$+14.069$	$+0.8302$	$+65.73$
» 22.5	$0 = +2.36$	$+2.5409$	-0.1202	-4.3654	$+13.327$	$+1.2711$	$+109.39$
Oct. 1.0	$0 = -0.11$	$+2.1886$	-0.1379	-3.7098	$+11.371$	$+2.0808$	$+188.62$
» 5.0	$0 = -1.68$	$+2.0592$	-0.1426	-3.4120	$+10.530$	$+2.3152$	$+211.87$
» 9.0	$0 = +0.28$	$+1.9249$	-0.1460	-3.0958	$+9.665$	$+2.4949$	$+229.88$
» 13.75	$0 = +0.40$	$+1.7714$	-0.1477	-2.7177	$+8.670$	$+2.6322$	$+244.27$
» 19.0	$0 = +1.35$	$+1.6211$	-0.1472	-2.3359	$+7.703$	$+2.6999$	$+251.94$
» 29.5	$0 = -0.62$	$+1.3609$	-0.1407	-1.6658	$+6.065$	$+2.6594$	$+250.41$
Nov. 10.0	$0 = +2.77$	$+1.1295$	-0.1290	-1.0871	$+4.671$	$+2.4657$	$+233.83$

D'après la méthode des moindres quarrés on obtient les cinq équations finales suivantes, dans lesquelles j'ai négligé la variation du noeud, qui d'un coté ne peut s'obtenir de ces équations avec quelque exactitude et qui de l'autre coté n'a aucune influence sur le résultat final:

$$+221.72523\,d\pi - 0.771031\,di +108.42033\,dM +318.45597\,d\varphi +308.94277\,d\mu + 61.06832 = 0$$
$$-\;\;\;0.771031\;» +139.58396\;» -\;\;\;1.85947\;» + 57.66691\;» + 60.81896\;» + 0.94194 = 0$$
$$+108.42033\;» -\;\;\;1.85947\;» + 53.27787\;» +151.71464\;» +147.24069\;» + 28.29116 = 0$$
$$+318.45597\;» + 57.66691\;» +151.71464\;» +539.61956\;» +523.90850\;» +108.79220 = 0$$
$$+308.94277\;» + 60.81896\;» +147.24069\;» +523.90850\;» +508.87619\;» +104.80940 = 0$$

Dans ces équations dM est égal $10\,dM$, $d\mu$ égal $100\,d\mu$.

En résolvant ces équations le dernier diviseur de $d\mu$ devient si petit, que même en exécutant le calcul avec sept chiffres décimaux la correction, très-petite en elle-même, devient néaumoins trop incertaine. J'ai donc choisi un autre moyen. D'après quelques essais j'ai déterminé trois positions normales de manière, que l'orbite, qu'elles déterminent, satisfait en même temps le mieux possible à toutes les positions normales. Les éléments obtenus de cette manière sont les suivants:

Passage au Périhélie 1844 Sept. 2.511238 T. M, à Berlin

Long. du Périhélie   342° 30′ 49″ 64 ⎱ Eq. moyenne 1844

Long. du Noeud. asc.   63   49   0.11 ⎰   Sept. 0

Inclinaison   2   54   50.33

Angle de l'excentricité   38   8   42.03

Mouvement moyen sid.   649.1503

Si l'on calcule suivant ces éléments les lieux géocentriques pour les instants des positions normales et qu'on ajoute à ces lieux les perturbations du tableau donné plus haut, on trouve les écarts des positions normales:

		$\Delta\alpha$	$\Delta\delta$
Sept.	5.5	— 1.4	— 0.5
»	15.0	+ 0.5	— 0.2
»	22.5	+ 1.5	+ 1.8
Oct.	1.0	— 2.0	+ 0.1
»	5.0	— 4.0	— 2.3
»	9.0	— 1.4	— 0.9
»	13.75	+ 2.9	— 0.2
»	19.0	+ 1.9	+ 0.1
»	29.0	+ 0.1	— 2.4
Nov.	10.0	— 1.5	+ 0.3

La méthode des moindres quarrés n'aurait point diminué la somme des quarrés et comme je le crois, on peut bien se contenter d'une telle distribution des signes algébriques.

CHAPITRE IV.

Les perturbations de la comète jusqu'au prochain retour au périhélie. (Février 1850).

Les perturbations ont été calculées exactement pour toutes les planètes à l'exception d'Uranus, en tenant compte des puissances supérieures des masses. La

période de la comète fut partagée en huit intervalles et les différentielles furent calculées pour la première section de quatre en quatre jours. Quant aux autres sections j'ai choisi des intervalles de 12, 36 et 50 jours, et l'ordre inverse fut adopté
pour la seconde branche de l'ellipse. Toutes ces différentielles furent calculées
d'après les formules de Mr. ENCKE.

Pour les planètes inférieures et pour la Terre les perturbations n'ont été calculées d'après cette méthode que tant que la distance de la comète au soleil n'était
pas encore grande. Plus tard ces éléments furent réduits au centre de gravité commun du soleil et de la planète et le mouvement autour ce centre fut regardé comme
purement elliptique, abstraction faite des perturbations des autres planètes. Dès que
la comète se rapprocha au soleil, j'ai réduit les éléments au centre du système.
Pour Mercure, Vénus et pour la Terre les distances aux moments de la réduction
au centre de gravité étaient respectivement 1.64, 3.00 et 3.23, tandis que ces
mêmes distances aux instants de la réduction au centre du soleil furent 1.42,
2.22 et 2.96.

Ce calcul fut exécuté d'après les formules suivantes, que Mr. ENCKE a eu la
bonté de me communiquer.

Si l'on pose

$$Sin.\ u'\ Cos.\ i' = Sin.\ G\ Sin.\ H \qquad Sin.\ u' + e'\ Sin.\ \omega' = G'\ Sin.\ H'$$
$$Cos.\ u' = Sin.\ G\ Cos.\ H \qquad (Cos.\ u' + e'\ Cos.\ \omega')\ Cos.\ i' = G'\ Cos.\ H'$$
$$Sin.\ u'\ Sin.\ i' = Cos.\ G$$

où les quantités u', i', e, ω' désignent l'argument de latitude, l'inclinaison, l'excentricité et l'angle entre le périhélie et le noeud asc. de la planète, on obtient la réduction
des coordonnées et des vitesses au centre de gravité commun du soleil et de la
planète

$$\delta x = - \frac{m}{1+m}\, r'\ Sin.\ G\ Cos.\ (\Omega' + H) \qquad \delta\frac{dx}{dt} = + \frac{m}{1+m}\frac{1}{\sqrt{p'}}\, G'\ Sin.\ (\Omega' + H')$$

$$\delta y = - \frac{m}{1+m}\, r'\ Sin.\ G\ Sin.\ (\Omega' + H) \qquad \delta\frac{dy}{dt} = - \frac{m}{1+m}\frac{1}{\sqrt{p'}}\, G'\ Cos.\ (\Omega' + H')$$

$$\delta z = - \frac{m}{1+m}\, r'\ Cos.\ G \qquad \delta\frac{dz}{dt} = - \frac{m}{1+m}\frac{1}{\sqrt{p'}}\, G'\ Cos.\ H'\, tg\ i'$$

De plus, si l'on pose

$$Sin.\ \Omega\ Cos.\ i = a\ Sin.\ b \qquad\qquad Sin.\ \Omega = a'\ Sin.\ b'$$
$$Cos.\ \Omega = a\ Cos.\ b \qquad\qquad Cos.\ \Omega\ Cos.\ i = a'\ Cos.\ b'$$

et si l'on calcule les expressions suivantes:

$$M = a\ Cos.\ (b + u)\ \delta x + a'\ Sin.\ (b' + u)\ \delta y + Sin.\ u\ Sin.\ i\ \delta z$$

$$N = -\ a\ Sin.\ (b + u)\ \delta x + a'\ Cos.\ (b' + u)\ \delta y + Cos.\ u\ Sin.\ i\ \delta z$$

$$P = Sin.\ \Omega\ Sin.\ i\ \delta x - Cos.\ \Omega\ Sin.\ i\ \delta y + Cos.\ i\ \delta z$$

$$M' = a\ Cos.\ (b + u)\ \delta\ \frac{dx}{dt} + a'\ Sin.\ (b' + u)\ \delta\ \frac{dy}{dt} + Sin.\ u\ Sin.\ i\ \delta\ \frac{dz}{dt}$$

$$N' = -\ a\ Sin.\ (b + u)\ \delta\ \frac{dx}{dt} + a'\ Cos.\ (b' + u)\ \delta\ \frac{dy}{dt} + Cos.\ u\ Sin.\ i\ \delta\ \frac{dz}{dt}$$

$$P' = Sin.\ \Omega\ Sin.\ i\ \delta\ \frac{dx}{dt} - Cos.\ \Omega\ Sin.\ i\ \delta\ \frac{dy}{dt} + Cos.\ i\ \delta\ \frac{dz}{dt}$$

on obtient les variations des élémens par les formules:

$$\delta i = \frac{Sin.\ u + e\ Sin.\ \omega}{p}\ P + \frac{r\ Cos.\ u}{\sqrt p}\ \frac{P'}{k}$$

$$\delta \Omega = -\frac{Cos.\ u + e\ Cos.\ \omega}{p\ Sin.\ i}\ P + \frac{r\ Sin.\ u}{\sqrt p\ Sin.\ i}\ \frac{P'}{k}$$

$$\delta e = \frac{p\ Cos.\ E}{r^2}\ M + \frac{Sin.\ v}{a}\ N + Sin.\ v\ \sqrt p\ \frac{M'}{k} + (Cos.\ v + Cos.\ E)\ \sqrt p\ \frac{N'}{k}$$
$$- \frac{2\ p\ Cos.\ E}{r}\ \frac{\delta k}{k}$$

$$\delta \omega + Cos.\ i\ \delta \Omega = \frac{Sin.\ v}{e\ r}\ M - \frac{Cos.\ E}{e\ r}\ N - \frac{Cos.\ v}{a}\ \sqrt p + \frac{p + r}{\sqrt p}\ \frac{Sin.\ v}{e}\ \frac{N'}{k} - \frac{2\ Sin.\ v}{e}\ \frac{\delta k}{k}$$

$$\delta \mu = -\frac{3\ \mu\ a}{r^2}\ M - 3\ \mu\ a\ \frac{e\ Sin.\ v}{\sqrt p}\ \frac{M'}{k} - 3\ \mu\ a\ \frac{\sqrt p}{r}\ \frac{N'}{k} + \left(\frac{6\ a}{r} - 2\right)\ \mu\ \frac{\delta k}{k}$$

$$\delta M = -\left(\frac{Cotg\ \varphi}{r} + \frac{tg\ \varphi}{a}\right)\ Sin.\ v\ M + \frac{Cos.\ v}{a\ tg\ \varphi}\ N - \frac{1}{\sqrt a}\left(2\ r - \frac{p\ Cos.\ v}{e}\right)\frac{M'}{k}$$
$$- \frac{Sin.\ v}{tg\ \varphi}\ \frac{(p + r)}{\sqrt p}\ \frac{N'}{k} + \left(\frac{Cotg\ \varphi}{r} + \frac{tg\ \varphi}{a}\right)\ 2\ r\ Sin.\ v\ \frac{\delta k}{k}$$

Dans ces formules p désigne le paramètre de l'orbite de la comète, a le demi grand axe, r le rayon vecteur, v l'anomalie vraie et E l'anomalie excentrique, k^2 la masse du soleil. Si l'on ajoute les variations δi, $\delta \Omega$ etc. aux élémens elliptiques, on obtient les éléments, qui se rapportent au centre de gravité du soleil et de la planète. Pour réduire les éléments au centre du soleil, il faut changer les signes algébriques des formules.

J'ajoute encore les masses des planètes, employées dans mes calculs:

$$\text{☿} \qquad \tfrac{1}{4865757}$$
$$\text{♀} \qquad \tfrac{1}{401839}$$
$$\text{⊕} \qquad \tfrac{1}{355599}$$
$$\text{♂} \qquad \tfrac{1}{2680337}$$
$$\text{♃} \qquad \tfrac{1}{1037.371}$$
$$\text{♄} \qquad \tfrac{1}{3501.6}$$

On verra, que ce sont les mêmes masses, qui servent de base aux calculs des perturbations de la comète d'ENCKE durant ses dernières périodes.

Dans le tableau suivant je donne les valeurs des perturbations des planètes pour les différentes sections.

Section I.

1844 Sept. 3.0 — Déc. 8.0   Int. 4 jours.

	δi	$\delta \Omega$	$\delta \varphi$	$\delta \pi$	$\delta \mu$	δM
☿	0	— 0.022	— 0.102	+ 0.050	+ 0.00126	+ 0.168
♀	0	— 0.033	— 3.051	+ 0.094	+ 0.03160	+ 3.285
⊕	+ 0.722	— 28.830	— 11.136	+ 22.800	+ 0.08553	+ 4.256
♂	0	0	— 0.048	— 0.096	+ 0.00051	+ 0.068
♃	+ 0.229	— 3.990	— 7.343	— 27.180	+ 0.10290	+ 15.113
♄	0	0	— 0.310	+ 0.137	+ 0.00246	+ 0.320
	+ 0.95	— 32.88	— 21.99	— 4.19	+ 0.22426	+ 23.210

Section II.

1844 Déc. 8.0 — 1845 Juillet 24.0   Int. 12 jours.
Déc. 8.0 M = 17° 24′ 18″.91

	δi	$\delta \Omega$	$\delta \varphi$	$\delta \pi$	$\delta \mu$	δM
♀	+ 0.004	+ 0.234	— 0.499	+ 1.399	— 0.00739	— 1.342
⊕	+ 0.046	+ 0.178	— 0.830	— 4.898	+ 0.02358	+ 8.703
♂	0	— 0.006	+ 0.117	— 0.132	— 0.00018	— 0.139
♃	+ 0.046	— 0.953	— 29.021	— 10.054	+ 0.18942	+ 77.896
♄	— 0.046	— 0.622	+ 0.652	+ 3.076	— 0.01423	— 5.313
	+ 0.05	— 1.17	— 29.58	— 10.61	+ 0.19120	+ 79.805

Section III.

1845 Juillet 24.0 — 1846 Juin 13. Int. 36 jours.

Juillet 24.0 M $= 58° 33' 16''.11$.

	δi	$\delta \Omega$	$\delta \varphi$	$\delta \pi$	$\delta \mu$	δM
♂	— 0.004	— 0.086	— 0.297	+ 0.438	— 0.00142	— 0.512
♃	— 0.017	+ 1.449	— 68.115	+ 44.461	— 0.09377	+ 35.579
♄	— 0.071	— 3.179	+ 0.697	+ 4.457	— 0.01496	— 13.505
	— 0.09	— 1.82	— 67.71	+ 49.36	— 0.11015	+ 21.560

Section IV.

1846 Juin 13.0 — 1847 Juillet 18.0 Int. 50 jours.

Juin 13.0 M $= 117° 1' 16''.97$.

	δi	$\delta \Omega$	$\delta \varphi$	$\delta \pi$	$\delta \mu$	δM
♂	0	+ 0.092	+ 0.405	— 0.240	+ 0.00144	+ 0.814
♃	— 0.052	+ 32.618	— 94.623	— 32.630	— 0.16794	+155.810
♄	— 0.001	— 4.757	+ 1.070	+ 5.145	— 0.00321	— 18.259
	— 0.05	+ 27.95	— 93.15	— 27.73	— 0.16971	+ 138.365

Section V.

1847 Juillet 18.0 — 1848 Oct. 10 Int. 50 jours.

Juillet 18.0 M $= 189° 13' 17''.58$.

	δi	$\delta \Omega$	$\delta \varphi$	$\delta \pi$	$\delta \mu$	δM
♂	0	— 0.045	+ 0.361	— 0.321	— 0.00154	— 0.673
♃	— 0.341	+ 20.073	— 11.535	—105.890	— 0.23845	+262.584
♄	+ 0.067	— 3.112	+ 1.135	+ 7.169	+ 0.01557	— 16.391
	— 0.27	+ 16.92	— 10.04	— 99.04	— 0.22442	+245.520

Section VI.

1848 Oct. 10 — 1849 Août 30 Int. 36 jours.

Oct. 10.0 M $= 270° 27' 1''.75$.

	δi	$\delta \Omega$	$\delta \varphi$	$\delta \pi$	$\delta \mu$	δM
♂	+ 0.004	0	+ 0.202	+ 0.488	+ 0.00142	+ 0.004
♃	+ 0.121	— 2.528	+ 33.756	— 29.543	— 0.20759	+ 81.979
♄	+ 0.025	— 0.048	— 0.057	+ 6.154	+ 0.02262	— 5.318
	+ 0.15	— 2.58	+ 33.90	— 22.90	— 0.18355	— 76.665

Réduction au centre de gravité de la Terre 1845 Juillet 24.0.

$$\delta\varphi = - 0.81$$
$$\delta\pi = + 2.01$$
$$\delta\mu = - 0.004617$$
$$\delta M + 1390\,\delta\mu = - 7.454$$

Réduction au centre du soleil 1849 Mai 14.0

$$\delta\varphi = - 0.25$$
$$\delta\pi = - 3.83$$
$$\delta\mu = - 0.01507$$
$$\delta M = + 3.991$$

Perturbations, produites par la Terre depuis Mai 14.0 jusqu'à

Août 30

$$\delta i \quad + 0.048$$
$$\delta\Omega \quad - 0.208$$
$$\delta\varphi \quad + 1.238$$
$$\delta\pi \quad + 2.751$$
$$\delta\mu \quad + 0.00567$$
$$\delta M \quad + 0.021$$

Section VII.

1849 Août 30.0 — 1849 Déc. 16.0   Int. 12 jours.

$$M = 328° 53' 8''.75.$$

	δi	$\delta\Omega$	$\delta\varphi$	$\delta\pi$	$\delta\mu$	δM
☿	— 0.001	+ 0.090	+ 0.718	— 4.149	— 0.01813	+ 1.570
♀	+ 0.036	+ 0.055	— 1.793	+ 2.937	+ 0.02272	— 2.092
♂	0	0	— 0.104	+ 0.086	+ 0.00107	— 0.100
	— 0.125	— 0.768	+ 8.793	— 13.425	— 0.10365	+ 10.048
♄	0	0	— 0.019	+ 0.921	+ 0.00269	— 0.287
	— 0.09	— 0.62	+ 7.59	— 13.63	— 0.09530	+ 9.139

Réduction au centre de gravité de Vénus 1845 Juillet 24.0.

$$\delta\varphi = + 1.044$$
$$\delta\pi = - 1.644$$
$$\delta\mu = + 0.00341$$
$$\delta M + 1498\,\delta\mu = + 5.041$$

Réduction au centre du soleil 1849 Août 30

$$\delta \varphi = + 0.133$$
$$\delta \pi = + 2.120$$
$$\delta \mu = + 0.005913$$
$$\delta M = - 1.148$$

Réduction au centre de gravité de Mercure 1849 Déc. 8.0

$$\delta \varphi = - 0.10$$
$$\delta \pi = + 0.02$$
$$\delta \mu = + 0.00076$$
$$1834 \; \delta \mu + \delta M = + 1.471$$

Réduction au centre du soleil 1849 Déc. 16.0

$$\delta \varphi = + 0.18$$
$$\delta \pi = - 0.25$$
$$\delta \mu = - 0.00214$$
$$\delta M = + 0.181$$

Section VIII.

1849 Déc. 16.0 — 1850 Fév. 18.6   Int. 4 jours.

Déc. 16.0 M $= 348° \; 21' \; 21''.74$.

	δi	$\delta \Omega$	$\delta \varphi$	$\delta \pi$	$\delta \mu$	δM
☿	0	+ 0.034	— 0.330	+ 0.238	+ 0.00366	— 0.038
♀	0	+ 0.072	+ 1.645	+ 2.230	— 0.01428	— 0.350
⊕	0	— 0.383	— 0.942	— 0.633	+ 0.00842	+ 0.078
♂	0	0	— 0.058	— 0.007	+ 0.00056	— 0.006
♃	— 0.030	— 1.478	+ 3.598	— 6.488	— 0.04011	+ 1.259
♄	0	0	+ 0.444	— 0.194	— 0.00437	+ 0.046
	— 0.03	— 1.75	+ 4.36	— 4.85	— 0.04612	+ 0.989

Les perturbations jusqu'au périhélie prochain 1850 Fév. 10.609751 sont donc les suivantes :

$$\triangle M = + 14' \; 41''.201$$
$$\triangle \pi = - 2' \; 12''.17$$
$$\triangle \Omega = + 3''.22$$
$$\triangle i = + 0''.67$$
$$\triangle \varphi = - 2' \; 55''.20$$
$$\triangle \mu = - 0.41966$$

On voit donc, que le retour au périhélie est accéléré par les perturbations de 1.3 jours.

La précession durant 1997.6 jours est $+ 4'\,34''.74$ et les corrections, qui dépendent de la variation séculaire de l'obliquité de l'écliptique sont:

$$\Delta\,\Omega = - 50''.02$$
$$\Delta\,\pi = + \quad 0.06$$
$$\Delta\,i = + \quad 0.81$$

Si l'on ajoute toutes ces variations aux éléments purement elliptiques, on trouve les éléments, qui valent pour le prochain retour au périhélie et que voici:

Passage au périhélie 1850 Fév. 18.609751 Temps moyen à Berlin

Longitude du périhélie $342°\ 33'\ 12''.27$ }
Longitude du noeud asc. $63\ \ 52\ \ 48.05$ } Eq. moyen 1850 Fév. 18.6

Inclinaison $2\ \ 54\ \ 51.81$

L'angle de l'excentricité $38\ \ \ 5\ \ 46.83$

Mouv. moyen sid. 648.73064

log. a 0.4919615

Comme la comète restera invisible dans cette apparition, je donne seulement une éphémeride approchée de quatre en quatre jours, pour montrer sa position par rapport au soleil.

Midi de Berlin

		α ☽	δ ☽	lg Δ	α ☉	δ ☉
Févr.	1	322° 38′	— 16° 26′	0.3382	315°	— 17°
	5	326 26	15 11	0.3369		
	9	330 14	13 52	0.3360	323	— 15
	13	334 0	12 29	0.3355		
	17	337 44	11 3	0.3354	331	— 12
	21	341 27	9 33	0.3356		
	25	345 7	8 2	0.3363	338	— 9
Mars	1	341 45	6 29	0.3374		
	5	352 21	4 55	0.3390	346	— 6
	9	355 55	3 20	0.3409		
	13	359 26	1 46	0.3432	353	— 3

CHAPITRE V.

Correction des éléments purement elliptiques d'après les observations de Poulkova.

J'avais mentionné dans le premier Chapitre, que la comète a été observée à l'observatoire de Poulkova jusqu'à la fin de Décembre; mais ces observations n'étant pas encore publiées, je n'en pouvais disposer alors. Plus tard les positions des étoiles de comparaison ayant été déterminées aux instruments méridiens, Mr. O. DE STRUVE a eu la bonté, de me communiquer ces observations. La comparaison avec mes éléments purement elliptiques donne, si l'on ajoute les perturbations, le tableau suivant des écarts, calculé par Mr. DE STRUVE :

1844	Temps sid. à Poulk.	$\Delta \alpha$	$\Delta \delta$
Oct. 20	2^h 23' 58"	$+ 0''.9$	$+ 4''.9$
24	2 3 54	$- 1.3$	$+ 1.1$
28	1 38 47	$+ 2.7$	$+ 2.9$
Nov. 1	1 3 42	$- 3.7$	$+ 0.4$
5	1 18 36	$- 0.8$	$+ 5.2$
18	2 28 19	$- 3.0$	$+ 2.6$
29	0 26 8	$- 5.1$	$+ 0.4$
Dec. 4	4 15 8	$- 5.0$	$+ 1.5$
11	3 28 10	$- 1.8$	$+ 9.5$
31	3 49 0	$- 4.6$	$- 1.6$

La comète a été observée encore Oct. 17, 31 et Nov. 6, mais les étoiles de comparaison ne sont pas encore déterminées.

Les erreurs de la théorie sont assez petites, pour qu'on puisse s'arrêter aux éléments donnés plus haut. Cependant on peut par des corrections très petites distribuer ces erreurs d'une manière un peu plus satisfaisante.

Je trouve nommément les corrections suivantes :

$$\delta M = - \quad 0''.90$$
$$\delta \pi = + \quad 5.10$$
$$\delta \Omega = + \quad 16.58$$
$$\delta i = - \quad 0.64$$
$$\delta \varphi = - \quad 4.88$$
$$\delta \mu = + \quad 0.04614$$

Voici finalement le véritable système des élémens de la comète:

Passage au Périhélie 1844 Sept. 2.512624
Long. du Périhélie   342° 30' 54" 74
Long. du Noeud. asc.   63 49 16.69
Inclinaison   2 54 49.69
Angle de l'excentricité 38   8 37.15
Mouvement moyen sid.   649.19644

éléments, qui représentent les positions normales, données dans le Chap. II et les observations de Poulkova de la manière suivante:

		$\Delta\alpha$	$\Delta\delta$	
Sept.	5.5	— 1".7	+ 2".5	
»	15.0	+ 0.3	+ 1.4	
»	22.5	+ 1.8	+ 2.2	
Oct.	1.0	— 1.7	— 0.4	
»	5.0	— 3.2	— 3.2	
»	9.0	+ 0.2	— 1.4	
»	13.75	+ 4.6	— 1.0	
»	19.0	+ 3.5	— 0.9	
»	20	+ 2.1	+ 2.8	Poulk.
»	24	+ 0.2	— 0.2	»
»	28	+ 4.4	+ 1.7	»
»	29.5	+ 2.0	— 3.6	
Nov.	1	— 1.8	+ 0.1	Poulk.
»	5	+ 1.0	+ 4.7	»
»	10	+ 0.6	— 1.1	
»	18	— 1.0	+ 1.3	Poulk.
»	29	— 1.9	— 0.2	»
Dec.	4	— 2.9	+ 1.2	»
»	11	+ 0.1	+ 8.8	»
»	31	— 2.4	— 4.7	»

La comparaison paraîtra sans doute assez satisfaisante, surtout si l'on observe, que l'erreur problable des positions normales n'est jamais au dessous de trois secondes (pour les observations de Poulkova il ne sera pas plus petit) et que d'ailleurs l'influence des erreurs des tables du soleil n'est pas éliminée, erreurs, qui ont d'autant plus d'influence que la comète était très approchée à la Terre.

Les éléments corrigés pour 1850, sont:

Passage au Périhélie 1850 Févr. 18.467868 T. M. à Berlin
Longitude du Périhélie   342° 33′ 17″.37 ⎫ Eq. moyenne 1850
Longitude du Noeud. asc.   63 53   4.63 ⎬   Févr. 18.5
Inclinaison   2 54 51.17
Angle de l'excentricité   38   5 41.95
Mouvement moyen sid.   648.77678

Je terminerai ce Chapitre par la remarque, que, malgré la petite différence entre les deux derniers valeurs du mouvement moyen, (le temps de révolution n'est pas modifié que de 0.142 jours ou de $3^h.5$) on aurait tort, d'attribuer des limites aussi étroites au mouvement véritable de la comète.

CHAPITRE VI.

Perturbations de la comète pendant sa seconde révolution, et son retour au périhélie en 1855.

Quoique pendant la seconde révolution de la comète un calcul approximatif des perturbations de Jupiter aurait été suffisant, cependant dans l'intention de répondre le mieux possible à la demande de l'académie, j'ai exécuté le calcul des perturbations suivant la même méthode et avec la même exactitude dont j'avais fait usage dans les calculs antérieurs; il suffira donc de donner simplement le tableau des perturbations.

Section I.

1850 Févr. 18.5 — 1850 Juin 13.5.   Int. 8 jours.

	δi	$\delta \Omega$	$\delta \varphi$	$\delta \pi$	$\delta \mu$	δM
☿	— 0.001	— 0.051	+ 0.187	— 0.159	— 0.00135	— 0.139
♀	0.0	+ 0.177	— 4.749	+ 3.705	+ 0.04219	+ 4.485
⊕	+ 0.010	— 0.373	+ 0.865	— 1.224	— 0.00601	— 0.593
♂	0	0	— 0.092	— 0.107	+ 0.00096	+ 0.129
♃	+ 0.110	— 1.452	— 5.720	—13.935	+ 0.06556	+ 10.576
♄	0	+ 0.011	— 0.078	— 1.251	+ 0.00280	+ 0.528
	+ 0.12	— 1.69	— 9.59	—12.97	+ 0.10415	+ 14.986

Section II.

Juin 13.5 M 20° 44′ 5″.156

1850 Juin 13.5 — 1851 Janv. 27.5. Int. 12 jours.

	∂i	$\partial \Omega$	$\partial \varphi$	$\partial \pi$	$\partial \mu$	∂M
♀	— 0.002	+ 0.268	— 0.948	+ 1.150	— 0.00431	— 0.352
⊕	— 0.060	— 0.275	— 0.730	+ 5.270	— 0.01851	— 5.502
♂	0	+ 0.020	+ 0.081	— 0.332	+ 0.00077	+ 0.238
♃	+ 0.181	+ 1.934	—15.000	—36.870	+ 0.20344	+ 83.045
♄	0	+ 0.030	— 1.301	— 1.125	+ 0.00958	+ 4.199
	+ 0.12	+ 1.98	—17.90	—31.91	+ 0.19097	+ 81.628

Section III.

1851 Janv. 27.5 — 1851 Déc. 17.5. Int. 36 jours.

1851 Janv. 27.5 M = 61° 51′ 11″.636.

	∂i	$\partial \Omega$	$\partial \varphi$	$\partial \pi$	$\partial \mu$	∂M
♂	0	— 0.129	— 0.244	— 0.479	— 0.00168	— 0.867
♃	+ 0.064	+ 2.977	— 6.024	—68.139	+ 0.22430	+ 204.369
♄	+ 0.018	+ 1.117	— 4.167	+ 3.921	— 0.01012	— 1.706
	+ 0.08	+ 3.96	—10.43	—64.70	+ 0.21250	+ 201.796

Section IV.

1851 Déc. 17.5 — 1853 Janv. 20.5. Int. 50 jours.

1851 Déc. 17.5 M = 120° 19′ 32″.728.

	∂i	$\partial \Omega$	$\partial \varphi$	$\partial \pi$	$\partial \mu$	∂M
♂	0	+ 0.147	+ 0.323	— 0.251	+ 0.00114	+ 0.969
♃	+ 0.061	—10.120	+57.629	—79.909	+ 0.20608	+ 267.512
♄	— 0.008	+ 3.918	— 8.341	+ 2.490	— 0.02007	— 6.230
	+ 0.05	— 6.05	+ 49.61	—77.67	+ 0.18715	+ 262.251

Section V.

1853 Janv. 20.5 — 1854 Avril 15 5. Int. 50 jours.

1853 Janv. 20.5 M = 192° 32′ 28″.739.

	∂i	$\partial \Omega$	$\partial \varphi$	$\partial \pi$	$\partial \mu$	∂M
♂	0	— 0.103	— 0.314	— 0.223	— 0.00127	— 0.182
♃	+ 1.056	—40.954	+102.596	+13.866	+ 0.17148	+ 157.129
♄	— 0.137	+ 5.516	— 8.772	— 4.307	— 0.02063	— 5.204
	+ 0.92	—35.54	+ 93.51	+ 9.34	+ 0.14958	+ 150.316

Section VI.

1854 Avril 15.5 — 1855 Janv. 28.5. Int. 36 jours.

1854 Avril 15.5 M = 273° 46′ 2″.679.

	δi	$\delta \Omega$	$\delta \varphi$	$\delta \pi$	$\delta \mu$	δM
♂	0	+ 0.022	+ 0.256	+ 0.126	— 0.00032	+ 0.376
♃	+ 0.737	—11.373	+40.201	+26.552	— 0.02294	+ 42.152
♄	— 0.125	+ 1.681	— 2.962	— 3.770	— 0.00500	— 1.512
	+ 0.61	+ 9.67	+37.49	+22.91	— 0.02826	+ 41.016

Réduction au centre de gravité de la Terre, 1851 Janv. 27.5

$$\delta \varphi = + 0.97$$
$$\delta \pi = - 3.30$$
$$\delta \mu = + 0.01059$$
$$t \, \delta \mu + \delta M = + 16.585$$

Réduction au centre du soleil, 1854 Sept. 6.5

$$\delta \varphi = + 1.18$$
$$\delta \pi = + 0.34$$
$$\delta \mu = - 0.00349$$
$$\delta M = + 1.851$$

Perturbations produites par la Terre depuis 1854 Sept. 6.5 jusqu'à 1855 Janv. 28.5

$$\delta i = + 0.02$$
$$\delta \Omega = - 0.39$$
$$\delta \varphi = - 1.45$$
$$\delta \pi = - 0.19$$
$$\delta \mu = + 0.00869$$
$$\delta M = - 2.163$$

Réduction au centre de gravité de Vénus, 1851 Janv. 27.5

$$\delta \varphi = + 1.15$$
$$\delta \pi = - 2.33$$
$$\delta \mu = + 0.00614$$
$$\delta M + t \, \delta \mu = + 9.859$$

Réduction au centre du soleil, 1855 Janv. 28.5

$$\delta \varphi = + 1.00$$
$$\delta \pi = + 0.28$$
$$\delta \mu = - 0.00700$$
$$\delta M = + 1.658$$

Section VII.

1855 Janv. 28.5 M = 325° 45′ 10″.853

1855 Janv. 28.5 — 1855 Mai 16.5.   Int. 12 jours.

	δi	$\delta \Omega$	$\delta \varphi$	$\delta \pi$	$\delta \mu$	δM
♀	— 0.020	— 0.013	— 1.919	+ 1.518	+ 0.01943	— 2.241
⊕	— 0.049	— 0.044	+ 1.795	— 3.138	— 0.02355	+ 2.603
♂	0	+ 0.004	— 0.078	+ 0.245	+ 0.00137	— 0.153
♃	— 0.267	— 1.387	+14.425	— 22.986	— 0.17088	+ 20.087
♄	— 0.029	— 0.071	— 0.732	— 0.204	+ 0.00471	— 0.561
	— 0.36	— 1.51	+13.49	— 24.56	— 0.16892	+ 19.735

Réduction au centre de gravité de Mercure, 1850 Juin 13.5

$$\delta \varphi = 0$$
$$\delta \pi = + 0.16$$
$$\delta \mu = — 0.00039$$
$$\delta M + t\,\delta \mu = — 0.764$$

Réduction au centre du soleil 1855 Mai 16.5

$$\delta \varphi = — 0.12$$
$$\delta \pi = + 0.26$$
$$\delta \mu = + 0.00113$$
$$\delta M = — 0.139$$

Section VIII.

1855 Mai 16.5 — Août 6.3.   Int. 8 jours.

1855 Mai 16.5 M = 345° 14′ 58″.844.

	δi	$\delta \Omega$	$\delta \varphi$	$\delta \pi$	$\delta \mu$	δM
☿	0	— 0.136	+ 0.268	— 0.180	— 0.00403	— 0.006
♀	0	+ 0.210	+ 3.332	— 1.873	— 0.03486	+ 0.426
⊕	— 0.010	— 1.119	— 1.590	+ 4.455	+ 0.02010	— 0.775
♂	0	0	— 0.101	+ 0.064	+ 0.00102	— 0.016
♃	— 0.180	— 6.855	+ 3.572	— 21.295	— 0.05768	+ 3.926
♄	0	— 0.140	— 0.589	+ 0.260	+ 0.00580	— 0.071
	— 0.19	— 8.04	+ 4.88	— 18.58	— 0.06965	+ 3.484

Les perturbations jusqu'au périhélie 1855 Août 6.259235 sont donc les suivantes :

$$\Delta M = + 30′ 25″.680$$
$$\Delta \pi = — 3′ 22″.92$$

$$\triangle \Omega = - \quad 56''.95$$
$$\triangle i = + \quad 1''.37$$
$$\triangle \varphi = + \quad 2'\ 43''.79$$
$$\triangle \mu = + \ 0.59319$$

Si l'on y ajoute la précession + 4' 34''.37 et les corrections, qui dépendent de la variation séculaire de l'obliquité de l'écliptique,

$$\triangle \Omega = - \quad 49''.96$$
$$\triangle \pi = + \quad 0.06$$
$$\triangle i = + \ 0.80;$$

on obtient les éléments suivants pour le temps du périhélie :

Passage au périhélie 1855 Août 6.259235
Longitude du périhélie   342° 34' 28''.88)
Longitude du noeud asc.   63 55 52.09) Eq. moyen Août 6.26
Inclinaison   2 54 53.34
L'angle de l'excentricité 38   8 25.74
Mouv. moyen sid.   649 36997

Pour l'éphéméride géocentrique de la comète j'ai calculé les lieux du soleil d'après les tables de Mr. Carlini, modifiées par les corrections de Bessel, les lieux se rapportent à l'équinoxe moyen de 1855 Août 6.26.

Minuit de Berlin.

1855.		⊙	Log. R.	B.
Mai	24	63 9 58 .15	0.0057038	+ 0.54
	28	67 0 8.10	0 0059815	+ 0.14
Juin	1	70 49 58.85	0.0062394	— 0.36
	5	74 39 35 80	0.0064775	— 0.47
	9	78 29 3.25	0.0066885	— 0 11
	13	82 18 22.80	0.0068643	+ 0 41
	17	86 7 33.45	0.0070000	+ 0 72
	21	89 56 33.90	0.0070964	+ 0.57
	25	93 45 24.05	0.0071598	+ 0.09
	29	97 34 7.40	0.0071971	— 0.33
Juillet	3	101 22 49 65	0.0072107	— 0.34
	7	105 11 35 70	0 0071974	+ 0.07
	11	109 0 28.85	0.0071496	+ 0.58
	15	112 49 28.79	0.0070615	+ 0.80
	19	116 38 33.94	0.0069327	+ 0.58
	23	120 27 43.99	0.0067688	+ 0 07
	27	124 17 0.44	0 0065777	— 0.28
	31	128 6 28.49	0 0063656	— 0.19

1855.	$\odot$	Log. R.	B.
Août 4	131 56° 13″.94	0.0061318	+ 0 27
8	135 46 19 09	0 0058790	+ 0.75
12	139 36 46.44	0.0055769	+ 0.88
16	143 27 33.59	0.0052477	+ 0.53
20	147 18 39.04	0.0048881	+ 0.03
24	151 10 3.19	0.0045068	— 0.26
28	155 1 49.04	0.0041116	— 0.09
Sept. 1	158 54 1.89	0.0037054	+ 0.39
5	162 46 46.14	0.0032853	+ 0.83
9	166 40 2.49	0.0028454	+ 0 86
13	170 33 49.64	0.0023828	+ 0.47
17	174 28 4.79	0.0019002	— 0.04
21	178 22 46.64	0.0014061	— 0.26
25	182 17 56.49	0.0009097	0.00
29	186 13 38.24	0.0004166	+ 0.51
Oct.	190 9 55.69	9.9999272	+ 0.87
7	194 6 50.13	9.9994362	+ 0.79
11	198 4 20.38	9.9989392	+ 0.33
15	202 2 22.33	9.9984376	— 0.15
19	206 0 52.88	9.9979375	— 0.27

Les constantes qui servent à la réduction à l'équinoxe vraie, de l'équinoxe
moyenne de l'époque, indiquée sont les suivantes. La réduction se fait pour l'ascen-
sion droite suivant la formule $f + g\ Sin.\ (G + \alpha)\ tg\ \delta$; pour la déclinaison elle est
$g\ Cos.\ (G + \alpha)$.

1855.	f.	Log. g.	G.
Mai 24.5	— 20″.34	1.0369	215° 33′
Juin 1.5	19.03	1.0164	217 5
9.5	17.65	0.9953	219 0
17.5	16.25	0.9742	221 21
25.5	14.83	0.9542	224 9
Juillet 3.5	13.42	0.9360	227 23
11.5	12.05	0.9206	230 58
19.5	10.72	0.9085	234 49
27.5	9.46	0.9001	238 46
Août 4.5	8.28	0.8955	242 42
12.5	7.20	0.8940	246 24
20.5	6.20	0.8947	249 52
28.5	5.28	0.8965	253 2
Sept. 5.5	4.42	0.8987	255 55
13.5	3.62	0.9002	258 34
21.5	2.84	0.9005	261 2
29 5	2.07	0.8994	263 29
Oct. 7.5	1.28	0.8966	265 55
15.5	0.46	0.8925	268 31

Suivant ces données j'ai calculé une éphéméride exacte pour toute l'apparition de la comète.

Minuit de Berlin.

1855.	ASCENSION DROITE.	MOUVE-MENT HORAIRE.	RÉD. à L'ÉQUIN.	PER-TURBA-TIONS.	DÉCLINAISON.	MOUVE-MENT HORAIRE.	RÉD. à L'ÉQUIN.	PER-TURBA-TIONS.	LOG. DE LA DISTANCE.	TEMPS DE L'ABERRA-TION.
Mai 24	327° 6′ 56″.4	+ 129.05	—20.19	—0.12	—16° 15′ 25″.9	+ 34.39	—10.87	+ 0.27	9.96674	—456″.8
25	327 58 45.5	130.03	19.98	0.17	16 1 31.8	35.13	10.79	0.26	9.96167	451.5
26	328 50 58.1	131.02	19.77	0.22	15 47 19.7	35.88	10.71	0.25	9.95662	446.3
27	329 43 34.3	132.00	19.56	0.27	15 32 49.6	36.64	10.63	0.24	9.95157	441.1
28	330 36 34.1	132.98	19.34	0.32	15 18 1.1	37.41	10.55	0.23	9.94656	436.1
29	331 29 57.4	133.97	19.14	0.36	15 2 53.8	38.19	10.46	0.22	9.94157	431.1
30	332 23 44.6	134.96	18.93	0.41	14 47 27.8	38.98	10.37	0.21	9.93660	426.2
31	333 17 55.7	135.96	18.72	0.46	14 31 42.9	39.77	10.28	0.20	9.93167	421.4
Juin 1	334 12 30.6	136.96	18.51	0.50	14 15 39.0	40.56	10.18	0.19	9.92673	416.6
2	335 7 29.3	137.95	18.30	0.54	13 59 15.9	41.36	10.07	0.19	9.92183	411.9
3	336 2 51.9	138.94	18.10	0.58	13 42 33.7	42.16	9.96	0.18	2.91698	407.3
4	336 58 38.2	139.92	17.89	0.62	13 25 32.2	42.96	9.85	0.17	9.91215	402.8
5	337 54 47.9	140.87	17.69	0.66	13 8 11.5	43.77	9.74	0.16	9.90737	398.4
6	338 51 20.9	141.86	17.49	0.70	12 50 31.3	44.57	9.62	0.14	9.90261	394.1
7	339 48 17.0	142.81	17.30	9.72	12 32 32.0	45.37	9.50	0.12	9.89790	389.9
8	340 45 36.0	143.76	17.10	0.78	12 14 13.5	46.17	9.38	0.10	9.89324	385.7
9	341 43 17.6	144.69	16.91	0.68	11 55 36.0	46.96	9.25	0.08	9.88862	381.6
10	342 41 21.5	145.62	16.72	0.68	11 36 39.5	47.74	9.11	0.06	9.88405	377.6
11	343 39 47.3	146.53	16.53	0.69	11 17 24.3	48.52	8.97	0.04	9.87953	373.7
12	344 38 34.7	147.42	16.34	0.69	10 57 50.6	49.29	8.83	0.02	9.87506	369.9
13	345 37 43.2	148.28	16.16	0.70	10 37 58.5	50.05	8.69	0.00	9.87066	366.2
14	346 37 12.2	149.13	15.98	0.70	10 17 48.2	50.80	8.54	—0.02	9.86632	362.5
15	347 37 1.7	149.97	15.80	0.71	9 57 20.2	51.53	8.39	0.04	9.86203	359.0
16	348 37 10.9	150.79	15.63	0.72	9 36 34.7	52.25	8.24	0.06	9.85782	355.5
17	349 37 39.3	151.58	15.46	0.74	9 15 32.0	52.96	8.08	0.08	9.85366	352.1
18	350 38 26.5	152.35	15.29	0.78	8 54 12.4	53.66	7.91	0.10	9.84957	348.8
19	351 39 31.9	153.09	15.12	0.82	8 32 36.4	54.33	7.74	0.12	9.84557	345.6
20	352 40 54.9	153.80	14.95	0.87	8 10 44.4	54.99	7.57	0.13	9.84164	342.5
21	353 42 34.7	154.49	14.79	0.92	7 48 37.0	55.62	7.40	0.14	9.83779	339.5
22	354 44 30.8	155.16	14.63	0.94	7 26 14.6	56.23	7.22	0.15	9.83402	336.5
23	355 46 42.5	155.79	14.47	0.92	7 3 37.9	56.82	7.04	0.15	9.83034	333.7
24	356 49 8.9	156.39	14.32	0.90	6 40 47.4	57.38	6.86	0.15	9.82674	330.9
25	357 51 49.3	156.96	14.17	0.88	6 17 43.9	57.91	6.68	0.16	9.82323	328.3
26	358 54 42.9	157.50	14.02	0.86	5 54 27.8	58.41	6.49	0.16	9.81980	325.7
27	359 57 48.8	157.99	13.87	0.84	5 31 0.2	58.88	6.30	0.16	9.81647	323.2
28	1 1 5.8	158.43	13.72	0.82	5 7 21.7	59.31	6.11	0.16	9.81323	320.8
29	2 4 33.1	158.83	13.58	0.80	4 43 33.3	59.71	5.91	0.16	9.81010	318.5
30	3 8 3.6	159.18	13.44	0.78	4 19 35.7	60.07	5.71	0.16	9.80705	316.3
Juillet 1	4 11 54.1	159.50	13.30	0.76	3 55 29.9	60.39	5.51	0.17	9.80410	314.2
2	5 15 45.6	159.77	13.17	0.74	3 31 16.9	60.67	5.31	0.17	9.80125	312.1
3	6 19 43.0	159.99	13.04	0.72	3 6 57.7	60.91	5.11	0.16	9.79851	310.1
4	7 23 45.0	160.15	12.91	0.70	2 42 33.2	61.10	4.90	0.16	9.79586	308.2
5	8 27 50.2	160.26	12.79	0.68	2 18 4.6	61.25	4.69	0.16	9.79331	306.4
6	9 31 57.3	160.31	12.67	0.66	1 53 32.9	61.36	4.48	0.15	9.79086	304.7

1855.	ASCENSION DROITE.	MOUVE-MENT HORAIRE.	RÉD. à L'ÉQUIN.	PER-TURBA-TIONS.	DÉCLINAISON.	MOUVE-MENT HORAIRE.	RÉD. à L'ÉQUIN.	PER-TURBA-TIONS.	LOG. DE LA DISTANCE.	TEMPS DE L'ABERRA-TION.
Juillet 7	10°36′ 4″9	+ 160.31	—12.55	—0.63	— 1°28′59″4	+ 61.41	— 4.27	—0.15	9.78852	—303″1
8	11 40 11.7	160.24	12.43	0.59	1 4 25.1	61.42	4.06	0.15	9.78628	301.5
9	12 44 16.3	160.11	12.31	0.55	0 39 51.3	61.38	3.85	0.14	9.78415	300.0
10	13 48 17.4	159.95	12.19	0.51	0 15 18.8	61.30	3.63	0.14	9.78211	298.6
11	14 52 13.8	159.72	12.07	0.47	+ 0 9 11.0	61.16	3.41	0.13	9.78017	297.3
12	15 56 3.8	159.43	11.96	0.43	0 33 37.1	60.98	3.19	0.12	9.77833	296.0
13	16 59 46.5	159.10	11.85	0.39	0 57 58.5	60.77	2.97	0.11	9.77661	294.8
14	18 3 20.3	158.70	11.74	0.35	1 22 14.0	60.50	2.75	0.10	9.77498	293.7
15	19 6 44.2	158.25	11.63	0.31	1 46 22.8	60.20	2.54	0.09	9.77345	292.7
16	20 9 56.6	157.75	11.52	0.29	2 10 23.6	59.85	2.32	0.08	9.77202	291.7
17	21 12 56.5	157.21	11.41	0.27	2 34 15.7	59.46	2.10	0.08	9.77069	290.8
18	22 15 42.5	156.60	11.30	0.25	2 57 57.9	59.04	1.88	0.07	9.76945	290.0
19	23 18 13.5	155.95	11.19	0.23	3 21 29.5	58.57	1.67	0.07	9.76831	289.3
20	24 20 28.1	155.25	11.08	0.22	3 44 49.3	58.07	1.45	0.06	9.76726	288.6
21	24 22 25.4	154.50	10.97	0.21	4 7 56.8	57.53	1.24	0.06	9.76631	288.0
22	26 24 4.3	153.72	10.87	0.20	4 30 51.0	56.97	1.03	0.05	9.76544	287.4
23	27 25 23.8	152.89	10.77	0.21	4 53 31.5	56.38	0.82	0.05	9.76467	286.9
24	28 26 22.8	152.01	10.66	0.23	5 15 57.2	55.75	0.60	0.06	9.76397	286.4
25	29 27 6.2	151.09	10.55	0.25	5 38 7.6	55.10	0.39	0.07	9.76336	286.0
26	30 27 14.9	150.12	10.45	0.27	6 0 1.8	54.41	— 0.18	0.09	9.76283	285.6
27	31 27 5.9	149.10	10.35	0.28	6 21 39.5	53.70	+ 0.03	0.10	9.76238	285.3
28	32 26 31.9	148.05	10.24	0.29	6 42 59.6	52.97	0.23	0.11	9.76199	285.1
29	33 25 32.1	146.95	10.13	0.30	7 4 2.0	52.21	0.43	0.13	9.76169	284.9
30	34 24 5.6	145.82	10.03	0.31	7 24 45.9	51.44	0.63	0.15	9.76144	284.7
31	35 22 11.4	144.64	9.93	0.30	7 45 11.0	50.64	0.83	0.16	9.76128	284.6
Août 1	36 19 48.6	143.44	9.82	0.28	8 5 16.7	49.83	1.03	0.15	9.76116	284.5
2	37 16 56.3	142.18	9.71	0.25	8 25 2.8	49.00	1.23	0.13	9.76110	284.5
3	38 13 33.3	140.88	9.61	0.23	8 44 28.8	48.16	1.43	0.12	9.76110	284.5
4	39 9 38.8	139.55	9.51	0.21	9 3 34.4	47.30	1.62	0.11	9.76117	284.5
5	40 5 11.6	138.18	9.40	0.18	9 22 19.2	46.43	1.81	0.10	9.76127	284.6
6	41 0 11.1	136.77	9.29	0.16	9 40 43.0	45.55	1.99	0.09	9.76142	285.7
7	41 54 36.4	135.33	9.18	0.14	9 58 45.6	44.67	2.17	0.08	9.76162	284.8
8	42 48 26.7	133.85	9.08	0.13	10 16 27.1	43.79	2.35	0.07	9.76186	285.0
9	43 41 41.1	132.34	8.97	0.14	10 33 47.5	42.90	2.52	0.07	9.76213	285.2
10	44 34 18.9	130.79	8.86	0.15	10 50 46.4	41.99	2.69	0.06	9.76244	285.4
11	45 26 19.4	129.23	8.76	0.16	11 7 22.9	41.07	2.86	0.07	9.76278	285.6
12	46 17 42.0	127.63	8.66	0.17	11 23 37.8	40.18	3.02	0.07	9.76317	285.8
13	47 8 25.6	126.00	8.55	0.18	11 39 31.7	39.30	3.18	0.07	9.76357	286.1
14	47 58 29.9	124.35	8.44	0.17	11 55 4.5	38.43	3.34	0.07	9.76400	286.4
15	48 47 54.3	122.68	8.33	0.16	12 10 16.1	37.55	3.49	0.08	9.76445	286.7
16	49 36 38.5	120.99	8.22	0.15	12 25 6.8	36.68	3.64	0.08	9.76493	287.0
17	50 24 41.8	119.28	8.11	0.16	12 39 36.7	35.82	3.79	0.09	8.76542	287.3
18	51 12 3.9	117.55	8.00	0.19	12 53 46.0	34.97	3.94	0.09	9.76593	287.6
19	51 58 44.1	115.80	7.89	0.22	13 7 35.1	34.13	4.09	0.10	9.76645	288.0
20	52 44 42.4	114.04	7.77	0.25	13 21 4.3	33.30	4.23	0.10	9.76700	288.3
21	53 29 58.1	112.27	7.66	0.28	13 34 13.7	32.49	4.36	0.11	9.75754	288.7
22	54 14 31.3	110.48	7.55	0.31	13 47 3.8	31.69	4.48	0.11	9.76811	289.1
23	54 58 21.1	108.67	7.43	0.34	13 59 34.8	30.90	4.60	0.12	9.76867	289.5
24	55 41 27.4	106.84	7.31	0.36	14 11 47.1	30.13	4.72	0.12	9.76923	289.8
25	56 23 49.6	105.00	7.20	0.38	14 23 40.9	29.37	4.85	0.12	9.76979	290.2

1855.	ASCENSION DROITE.	MOUVE-MENT HORAIRE	RÉD. à L'ÉQUIN.	PER-TURBA-TIONS.	DÉCLINAISON	MOUVE-MENT HORAIRE.	RÉD. à L'ÉQUIN.	PER-TURBA-TIONS.	LOG. DE LA DISTANCE.	TEMPS DE L'ABERRA-TION.
Août 26	57° 5′ 27″6	+ 103.15	— 7.09	—0.39	—14°35′16″6	+ 28.61	— 4.98	—0.13	9.77036	—290″6
27	57 46 20.9	101.29	6.98	0.40	14 46 34.4	27.88	5.10	0.13	9.77093	291.0
28	58 26 29.3	99.40	6.86	0.41	14 57 34.9	27.16	5.22	0.13	9.77150	291.4
29	59 5 52.2	97.50	6.74	0.42	15 8 18.2	26.45	5.33	0.14	9.77205	291.8
30	59 44 29.1	95.57	6.69	0.44	15 18 41.7	25.76	5.43	0.14	9.77260	292.2
31	60 22 19.3	93.61	6.51	0.47	15 28 54.8	25.08	5.54	0.15	9.77315	292.5
Sept. 1	60 59 22.3	91.62	6.40	0.49	15 38 48.7	24.41	5.64	0.15	9.77369	292.9
2	61 35 37.1	89.61	6.29	0.51	15 48 26.7	23.76	5.73	0.16	9.77421	293.3
3	62 11 3.5	87.58	6.17	0.53	15 57 49.4	23.13	5.82	0.16	9.77473	293.6
4	62 45 41.2	85.55	6.05	0.56	16 6 56.9	22.50	5.91	0.16	9.77524	294.0
5	63 19 29.8	83.49	5.93	0.59	16 15 49.6	21.90	6.00	0.16	9.77573	294.3
6	63 52 28.9	81.42	5.81	0.62	16 24 28.0	21.31	6.08	0.16	9.77621	294.6
7	64 24 38.1	79.33	5.69	0.65	16 32 52.4	20.74	6.16	0.16	9.77667	294.9
8	64 55 56.7	77.21	5.58	0.67	16 41 3.3	20.18	6.24	0.17	9.77712	295.2
9	65 26 24.2	75.07	5.47	0.69	16 49 1.1	19.64	6.32	0.17	9.77755	295.5
10	65 56 0.0	72.91	5.35	0.71	16 56 46.1	19.12	6.39	0.17	9.77798	295.8
11	66 24 43.8	70.73	5.23	0.72	17 4 18.8	18.61	6.45	0.17	9.77838	296.0
12	66 52 35.2	68.54	5.12	0.73	17 11 39.5	18.12	6.52	0.17	9.77878	296.3
13	67 19 33.8	66.33	5.01	0.74	17 18 48.6	17.65	6.58	0.17	9.77915	296.6
14	67 45 39.2	64.11	4.89	0.75	17 25 46.5	17.18	6.64	0.16	9.77951	296.9
15	68 10 51.3	61.88	4.77	0.76	17 32 33.6	16.75	6.70	0.16	9.77987	297.1
16	68 35 9.6	59.64	4.66	0.77	17 39 10.4	16.33	6.75	0.16	9.78020	297.3
17	68 58 33.9	57.38	4.55	0.79	17 45 37.2	15.92	6.80	0.16	9.78054	297.5
18	69 21 3.9	55.11	4.43	0.81	17 51 54.4	15.53	6.85	0.15	9.78085	297.7
19	69 42 39.3	52.83	4.31	0.83	17 58 2.4	15.15	6.90	0.15	9.78116	297.9
20	70 3 19.8	50.54	4.20	0.85	18 4 1.7	14.80	6.94	0.14	9.78145	298.1
21	71 23 5.2	48.24	4.09	0.87	18 9 52.6	14.45	6.98	0.14	9.78175	298.4
22	70 41 55.2	45.92	3.97	0.88	18 15 35.3	14.11	7.02	0.13	9.78202	298.6
23	70 59 49.4	43.59	3.85	0.89	18 21 10.0	13.79	7.06	0.13	9.78230	298.8
24	71 16 47.5	41.25	3.74	0.90	18 26 37.1	13.47	7.10	0.12	9.78256	298.9
25	71 32 49.3	38.89	3.63	0.90	18 31 56.8	13.17	7.13	0.11	9.78283	299.1
26	71 47 54.3	36.52	3.51	0.88	18 37 9.1	12.87	7.16	0.11	9.78308	299.3
27	72 2 2.3	34.13	3.40	0.85	18 42 14.4	12.58	7.19	0.11	9.78334	299.5
28	72 15 12.8	31.74	3.29	0.82	18 47 12.9	12.30	7.22	0.12	9.78359	299.6
29	72 27 25.6	29.32	3.18	0.78	18 52 5.1	12.04	7.24	0.13	9.78385	299.8
30	72 38 40.2	26.89	3.06	0.73	18 56 50.9	11.78	7.27	0.14	9.78410	300.0
Oct. 1	72 48 56.4	24.45	2.94	0.68	19 1 30.8	11.53	7.29	0.15	9.78436	300.1
2	72 58 13.7	21.99	2.83	0.64	19 6 4.6	11.29	7.31	0.16	9.78463	300.3
3	73 6 32.1	19.53	2.72	0.61	19 10 32.7	11.05	7.33	0.16	9.78490	300.5
4	73 13 51.1	17.05	2.60	0.60	19 14 55.1	10.82	7.35	0.16	9.78518	300.7
5	73 20 10.6	14.57	2.48	0.63	19 19 11.9	10.59	7.36	0.16	9.78547	300.9
6	73 25 30.4	12.08	2.37	0.68	19 23 23.3	10.37	7.37	0.15	9.78578	301.1
7	73 29 50.5	9.59	2.26	0.74	19 27 29.6	10.15	7.38	0.15	9.78611	301.4
8	73 33 10.6	7.10	2.14	0.79	19 31 30.5	9.94	7.39	0.14	9.78646	301.6
9	73 35 31.1	4.62	2.02	0.84	19 35 26.5	9.73	7.37	0.14	9.78683	301.9
10	73 36 52.2	+ 2.15	1.91	0.89	19 39 17.5	9.52	7.40	0.14	9.78724	302.1
11	73 37 14.2	— 0.31	1.80	0.94	19 43 3.5	9.31	7.40	0.13	9.78766	302.4
12	73 36 37.2	2.75	1.68	0.98	19 46 44.6	9.11	7.40	0.13	9.78813	302.7
13	73 35 1.9	5.17	1.56	1.01	19 50 20.9	8.91	7.41	0.12	9.78862	303.1
14	73 32 29.2	7.55	1.45	1.03	19 53 52.4	8.71	7.41	0.12	9.78916	303.5
15	73 28 59.6	9 91	1.34	1.04	19 57 19.1	8.51	7.42	0.11	9.78975	303.3
16	73 24 33.3	12.25	1.22	1.05	20 0 40.9	8.31	7.42	0.11	9.79038	304.4
17	73 19 11.3	14.56	1.11	1.06	20 3 57.9	8.11	7.43	0.11	9.79106	304.9

Dans le tableau suivant je donne encore les perturbations des élémens de la comète pendant son apparition et les coefficiens différentiels des lieux géocentriques par rapport aux élémens.

Perturbations de la comète pendant son apparition.

1855.	$\delta\,\Omega$	$\delta\,i$	$\delta\,\varphi$	$\delta\,\pi$	$\delta\,\mu$	$\delta\,\mathrm{M}$
Mai 28.5	$+\ 7''38$	$+\ 0''15$	$-\ 2''69$	$+\ 14.12$	$+\ 0''0408$	$-\ 5''47$
Juin 5.5	6.86	0.12	$-\ 1.19$	11.34	0.0223	3.46
13.5	6.25	0.09	$+\ 0.21$	3.81	$+\ 0.0059$	1.88
21.5	5.53	0.07	1.40	6.61	$-\ 0.0089$	0.77
29.5	4.71	0.04	2 26	4.77	0.0191	$-\ 0.11$
Juillet 7.5	3.80	0.02	2.70	3.29	0.0248	$+\ 0.17$
15.5	2.81	0.01	2.68	2.11	0.0255	0.91
23.5	1.77	0.00	2.14	1.20	0.0209	$+\ 0.09$
31.5	$+\ 0.74$	0.00	$+\ 1.10$	$+\ 0.49$	$-\ 0.0108$	$-\ 0.07$
Août 8.5	$-\ 0.23$	0.00	$-\ 0.45$	$-\ 0.17$	$+\ 0.0046$	$+\ 0.01$
16.5	1.09	0.01	2.43	0.88	0.0240	0.38
24.5	1.87	0.03	4.60	1.61	0.0451	1.12
Sept. 1.5	2.49	0.05	6.81	2.31	0.0669	2.22
9.5	3.06	0.07	9.03	2.94	0.0886	3.67
17.5	3.53	0.09	11.23	3.48	0.1100	5.45
25.5	3.90	0.12	13.37	3.90	0.1305	7.52
Oct. 3.5	4.19	0.14	15.43	4.18	0.1498	9.86
11.5	4.40	0.16	17.37	4.29	0.1675	12.37

Coefficients différentiels des lieux géocentriques par rapport aux éléments.

1855	$Cos.\ \delta\ \dfrac{d\alpha}{d\pi}$	$Cos.\ \delta\ \dfrac{d\alpha}{d\Omega}$	$Cos.\ \delta\ \dfrac{d\alpha}{di}$	$Cos.\ \delta\ \dfrac{d\alpha}{d\mathrm{M}}$	$Cos.\ \delta\ \dfrac{d\alpha}{d\mu}$	$Cos.\ \delta\ \dfrac{d\alpha}{d\varphi}$
Mai 28.5	$+1.1206$	-0.02427	$+0.36056$	$+4.5415$	-161.372	-1.8983
Juin 5.5	1.1248	0.02442	0.45663	5.9407	122.351	1.5184
13.5	1.1180	0.02437	0.55862	6.2709	72.321	1.0178
21.5	1.0982	0.02296	0.65764	6.4862	11.640	0.3988
29.5	1.0666	0.01991	0.74198	6.5491	$+\ 57.257$	$+0.3141$
Juillet 7.5	1.0280	0.01559	0.79956	6.4450	129.965	1.0745
15.5	0.9901	0.01018	0.82155	6.1898	201.052	1.8278
23.5	0.9618	0.00416	0.80541	5.8293	265.678	2.5072
31.5	0.9500	$+0.00089$	0.75540	5.4226	320.925	3.0908
Août 8.5	0.9600	0.00538	0.68119	5.0300	366.477	3.5676
16.5	0.9941	0.00891	0.59416	4.6965	403.773	3.9504
24.5	1.0527	0.01113	0.50425	4.4503	435.358	4,2643

1855	$Cos.\,\delta\,\dfrac{d\alpha}{d\pi}$	$Cos\,\delta\,\dfrac{d\alpha}{d\Omega}$	$Cos.\,\delta\,\dfrac{d\alpha}{di}$	$Cos.\,\delta\,\dfrac{d\alpha}{dM}$	$Cos.\,\delta\,\dfrac{d\alpha}{d\mu}$	$Cos.\,\delta\,\dfrac{d\alpha}{d\varphi}$
Sept. 1.5	+1.1348	+0.01237	+0.41014	+4.2997	+463.842	+4.5366
9.5	1.2405	0.01335	0.34375	4.2523	491.695	4.7934
17.5	1.3686	0.01392	0.28047	4.3038	520.617	5.0529
25.5	1.5182	0.01388	0.22958	4.4547	550.816	5.3204
Oct. 3.5	1.6849	0.01422	0.18990	4.6797	583.523	5.6083
11.5	1.8316	0.01503	0.15912	4.9700	615.663	5.8940

•1855	$\dfrac{d\delta}{d\pi}$	$\dfrac{d\delta}{d\Omega}$	$\dfrac{d\delta}{di}$	$\dfrac{d\delta}{dM}$	$\dfrac{d\delta}{d\mu}$	$\dfrac{d\delta}{d\varphi}$
Mai 28.5	+ 0.4115	+ 0.05923	—0.9912	+ 2.0240	— 60.115	—0.7038
Juin 5.5	0.4642	0.05705	1.1457	2.4070	54.496	0.6597
13.5	0.5111	0.05296	1.3041	2.7800	42.233	0.5446
21.5	0.5473	0.04730	1.4596	3.0989	22.707	0.3503
29.5	0.5696	0.03951	1.6033	3.3207	+ 3.006	0.6863
Juillet 7.5	0.5752	0.03010	1.7277	3.4099	32.219	+ 0.2199
15.5	0.5690	0.01316	1.8230	3.3593	60.887	0.5259
23.5	0.5516	+ 0.00700	1.1833	3.1910	85.219	0.7899
31.5	0.5286	—0.00587	1.9054	2.8452	102.882	0.9854
Août. 8.5	0.5035	0.01900	1.8906	2.6672	113.475	1.1066
16.5	0.4790	0.03176	1.8428	2.3918	118.023	1.1624
24.5	0.4557	0.04460	1.7669	2.1384	118.216	1.1715
Sept. 1.5	0.4343	0.05673	1.6088	1.9162	115.782	1.1510
9.5	0.4153	0.06814	1.5534	1.7271	112.218	1.1170
17.5	0.3995	0.07836	1.4241	1.5697	108.707	1.0820
25.5	0.3882	0.08896	1.2830	1.4428	106.179	1.0507
Oct. 3.5	0.3831	0.09821	1.1312	1.3447	105.576	1.0465
11.5	0.3870	0.10644	0.9692	1.2790	107.566	1.0610

Par leur moyen on trouve les perturbations des lieux géocentriques, données dans l'éphémeride.

Le temps périodique n'étant pas encore rigoureusement défini, je donnerai encore les deux éphémérides suivantes, pour faciliter la découverte de la comète en 1855. L'une d'elles répond au cas où la comète arrivera quatre jours plus tard au périhélie que les élémens l'indiquent; l'autre (II) servira, si elle y arrivera autant de jours plutôt. Comme ces éphémérides n'offrent de l'intérêt que pour le commencement de l'apparition, je ne les ai calculées que jusqu'à l'époque, où la clarté sera assez brillante pour ne plus échapper à la recherche des astronomes. Enfin je ferai encore remarquer, que cette apparition ne sera pas aussi favorable que celle en 1844, les clartés dans les passages au périhélie en 1855 et en 1844 étant à peu-près dans le rapport de 1 à 9.

Minuit de Berlin.

1855.	I		II	
	α	δ	α	δ
Mai 24	323° 1'7	— 17° 33'8	331° 1'5	— 14° 55'3
25	323 51.1	17 22.0	331 55.2	14 39.5
26	324 40.8	17 9.9	332 49.3	14 23.3
27	325 31.0	16 57.5	333 43.8	14 6.7
28	326 21.6	16 44.8	334 38.7	13 50.0
29	327 12.6	16 31.9	335 33.9	13 33.1
30	328 4.0	16 18.6	336 29.4	13 15.7
31	329 55.9	16 5.1	337 25.3	12 57.9
Juin 1	329 48.2	15 51.3	338 21.6	12 40.0
2	330 40.9	15 37.1	339 18.2	12 21.7
3	331 34.0	15 22.6	340 15.1	12 3.0
4	332 27.7	15 7.9	341 12.4	11 44.1
5	333 21.7	14 52.8	342 10.1	11 24.9
6	334 16.1	14 37.3	341 8.1	11 5.4
7	335 11.0	14 21.6	344 6.4	10 45.5
8	336 6.4	14 5.4	545 5.1	10 25.3
9	337 2.2	13 49.1	346 4.0	10 4.9
10	337 58.4	13 32.4	347 3.3	9 44.1
11	338 55.0	13 15.5	348 2.8	9 23.1
12	339 52.1	12 58.1	349 2.7	9 1.7
13	340 49.6	12 40.5	350 2.7	8 40.2
14	341 47.5	12 22.4	351 3.0	8 18.3
15	342 45.8	12 4.1	352 3.6	7 56.2
16	341 44.5	11 45.5	353 4.5	7 33.9
17	344 43.6	11 26.6	354 5.6	7 11.4
18	345 43.2	11 7.3	355 7.1	6 48.7
19	346 43.1	10 47.6	356 8.6	6 25.8
20	347 43.5	10 27.7	357 10.4	6 2.7
21	348 44.1	10 7.5	358 12.3	5 39.3
22	349 45.1	9 47.0	359 14.4	5 15.7
23	350 46.6	9 26.1	0 16.7	4 52.0
24	351 48.5	9 4.9	1 19.2	4 28.1
25	352 50.6	8 43.4	2 21.7	4 4.1
26	353 53.1	8 21.6	3 24.4	3 40.1
27	354 55.8	7 59.6	4 27.2	3 15.9
28	355 58.9	7 37.3	5 30.2	2 51.7
29	357 2.2	7 14.8	6 33.2	2 27.3
30	358 5.7	6 52.1	7 36.3	2 2.8
Juillet 1	359 9.5	6 29.1	8 39.4	1 38.2
2	0 13.7	6 5.8	9 42.5	1 13.7

1855.	I		II	
	α	δ	α	δ
Juillet 3	1° 18′1	— 5° 42′4	10° 45′6	— 0° 49′1
4	2 22.6	5 18.8	11 48.7	0 24.6
5	3 27.2	4 55.1	12 51.8	0 0.0
6	4 32.0	4 31.2	13 54.9	+ 0 24.4
7	5 36.9	4 7.0	14 57.9	0 48.9
8	6 41.9	3 42.8	16 0.7	1 13.2
9	7 47.0	3 18.6	17 3.4	1 37.6
10	8 52.2	2 54.3	18 6.2	2 1.7
11	9 57.4	2 29.9	19 8.8	2 25.9
12	11 2.4	2 5.3	20 11.3	2 49.9
13	12 7.5	1 40.8	21 13.4	3 13.7
14	13 12.6	1 16.3	22 15.3	3 37.3
15	14 17.5	0 51.9	23 17.1	4 0.7
16	15 22.3	0 27.4	24 18.5	4 23.9
17	16 27.0	— 0 3.1	25 19.8	4 46.9
18	17 31.6	+ 0 21.4	26 20.8	5 9.6
19	18 35.9	0 45.4	27 21.6	5 32.2
20	19 40.1	1 9.6	28 21.9	5 54.5
21	20 43.9	1 33.6	29 22.1	6 16.5
22	21 47.6	1 57.5	30 21.8	6 38.3
23	22 50.9	2 21.2	31 21.3	6 59.8
24	23 54.0	2 44.7	32 20.3	7 21.0
25	24 56.7	3 8.0	33 19.0	7 41.9
26	25 59.1	3 31.2	34 17.3	8 2.4
27	27 1.1	3 54.1	35 15.2	8 22.8
28	28 2.7	4 16.7	36 12.7	8 42.7
29	29 3.9	4 39.1	37 9.9	9 42.5
30	30 4.7	5 1.2	38 6.6	9 21.8
31	31 5.0	5 23.2	39 2.9	9 40.9

CHAPITRE VII.

Sur les comètes. que l'on a regardées comme identiques avec celle de DE VICO *et principalement sur la comète de* 1770.

La comète de DE VICO excita un grand intérêt par l'analogie de ses élémens avec ceux de quelques autres comètes et nommément avec l'ellipse de la comète de 1770. Déja BURKHARDT a donné suivant la théorie de Laplace un calcul des grandes perturbations, que Jupiter a exercées sur cette comète à deux époques différentes en 1767 et 1779. Il trouve le résultat curieux, que l'attraction puissante de la planète Jupiter a changé l'éllipse à courte période, que les astronomes avaient déduite des observations en 1770, dans une autre ellipse, dont la grande distance périhélie rend la comète invisible pour toujours. Quoique ce résultat fut sanctionné par l'illustre auteur de la mécanique céleste, plusieurs savans l'ont néanmoins regardé comme problématique et l'académie royale de Copenhague proposa même comme sujet d'un prix astronomique un nouvel examen de ces grandes perturbations. En effet le travail de BURKHARDT, tel qu'il a été publié, ne donne pas au lecteur une conviction parfaite de la vérité du résultat.

Dans la méthode de Laplace pour le calcul des grandes perturbations des comètes, on regarde les attractions du soleil sur la planète et la comète comme égales, si les deux corps sont très rapprochés, de sorte que le mouvement de la comète autour de la planète peut être considéré comme suivant les lois Keplériennes. Laplace détermine approximativement la distance des deux astres, ce rayon d'activité de la planète, dans laquelle il est permis, de faire cette hypothèse. Fixant pour cette époque le 20 Juni 1779 midi moyen à Paris, BURKHARDT calcule pour ce moment les coordonnés et les vitesses de la comète rélatives à Jupiter et en déduit la section conique décrite autour de Jupiter. D'une manière tout-à-fait pareille il calcule l'orbite de la comète après la grande perturbation.

Pour cette époque il suppose les élémens suivans de la comète:

Passage au périhélie 1770 Août 14.0261 T. M. à Paris
Longitude du périhélie 356° 15′ 11″.
Longitude du noeud   131 54 54.

Inclinaison 1° 34'   31''.

Angle de l'excentricité   51   45   52.

Mouvement moyen sid.   634''. 4601.

Or ces élémens sont à peu-près les mêmes, que ceux que l'on avait calculés sur les observations durant l'apparition de la comète en 1770, élémens, qui jusqu'à 1779 étaient considérablement modifiés par l'attraction de Jupiter. C'est ce qui m'a fait douter du résultat de BURKHARDT et m'invita à faire un nouvel examen, en poussant l'exactitude un peu plus loin. Avant tout il faut avoir égard aux variations considérables des élémens produites par Jupiter pendant toute la période de 1770 à 1779. De même je croyais devoir fixer le rayon d'activité beaucoup plus petit, que BURKHARDT ne l'avait fait.

Nous possédons actuellement dans l'excellent mémoire de Mr. CLAUSEN. sur l'apparition de la comète en 1770 des élémens elliptiques, qui ne laissent plus sur le temps périodique qu'une incertitude de quelques jours et qui donnent sûrement une approximation suffisante pour le calcul des perturbations. J'en ai fait la base de mes calculs.

Cette fois encore j'ai employé pour le calcul des perturbations la méthode des perturbations spécielles, employée dans mes calculs antérieurs et en modifiant les élémens dans des intervalles assez courts, j'ai eu égard autant que possible aux puissances supérieures de la masse de Jupiter. Au commencement la distance de Jupiter étant très grande, des intervalles de cinquante jours donnaient une exactitude suffisante; plus tard il me fallut adopter des intervalles de plus en plus petits et enfin l'exactitude nécessaire ne put s'obtenir que par des intervalles d'un seul jour. Il devint de même nécessaire, de modifier les élémens après peu de jours, tandisque au commencement on pouvait se contenter d'un seul et même système d'élémens pendant plusieures années.

Le tableau détaillé des perturbations indiquera ces circonstances plus en détail.

Elémens de Mr. CLAUSEN.

Passage au périhélie 1770 Août 13.546840 T. M. à Paris:

Longitude du périhélie 356° 17' 11''7   ⎫

Longitude du noeud ascend. 131 59 16.9   ⎬ Eq. vraie Oct. 2.67

Inclinaison   1 34 27.5   ⎭

Angle de l'exentricité   51 49 27.6

Mouvement moyen sid.   633''.6383

	M	π	Ω	i	?	μ
1773 Mai 10.5	176° 0′ 24″	356 17′ 24.5	132° 0′ 19″7	1°34′ 31″5	51°51′ 45″0	633″3433
1775 Juillet 19.5	316 38 30	356 18 7.1	131 59 25.1	1 34 31.0	51 50 8.2	633.5211
1777 Juin 20.5	53 23 12	356 15 41.6	131 59 5.5	1 34 34.7	51 52 0.5	633.1091
1778 Juin 3.5	141 39 15	356 5 18.6	132 9 50.6	1 35 6.4	52 5 27.7	635.3121
1778 Octobre 1.5	162 58 55	356 1 52.5	132 21 3.6	1 35 30.6	52 15 52.1	636.4613
1778 Déc. 30.5	179 5 24	355 59 0.3	132 39 46.1	1 36 6.9	52 31 3.8	637.9700
1779 Février 8.5	186 18 59	355 57 43.2	132 55 30.3	1 36 34.4	52 42 36.9	639.0459
Avril 9.5	197 20 51	355 56 11.7	133 44 11.6	1 37 53.8	53 14 7.2	641.8379
Avril 29.5	201 8 11	355 56 7.1	134 17 21.9	1 38 52.1	53 33 6.0	643.4432
Mai 19.5	205 3 16	355 56 40.1	135 12 35.3	1 40 24.5	54 1 57.2	645.9144
Mai 31.5	207 31 2	355 57 39.3	136 7 12.8	1 41 58.7	54 27 53.1	647.9819
Juin 8.5	209 14 29	355 58 46.0	137 0 21.8	1 43 33.7	54 51 18.1	649.8047
Juin 16.5	211 4 10	356 0 36.6	138 17 11.7	1 45 56.1	55 22 44.9	652.1937
Juin 24.5	213 4 24	356 3 38.9	140 17 28.9	1 49 52.3	56 7 36.0	655.4999
Juin 28.5	214 11 19	356 6 1.1	141 46 35.4	1 53 5.9	56 38 16.1	657.6779
Juillet 2 5	215 25 19	356 9 15.9	143 47 45.3	1 57 49.9	57 17 31.1	660.3904
Juillet 6.5	216 51 2	356 13 53.8	146 42 28.8	2 5 26.2	58 10 5.1	663.8919
Juillet 9.0	217 52 41	356 17 52.9	149 15 8.8	2 13 14.7	58 53 19.1	666.6169
Juillet 11.0	218 50 17	356 20 33.9	151 59 10.4	2 23 14.7	59 37 8.4	969.2929
Juillet 13.0	220 2 30	356 26 21.9	155 52 49.1	2 39 59.8	60 35 31.1	672.6549

J'ai fixé l'entrée de la comète dans la sphère d'activité de Jupiter au 13 Juillet 1779 0^h. t. de Paris, quand la distance des deux corps était 0,073178. J'ai calculé pour cette époque, en partant des derniers élémens du tableau, les coordonnées et les vitesses de la comète par rapport à l'écliptique.

$$x = -\,5.4789557 \qquad \frac{dx}{dt} = +\,0.001855463$$

$$y = -\,0.2063144 \qquad \frac{dy}{dt} = -\,0.002610878$$

$$z = +\,0.1130484 \qquad \frac{dz}{dt} = +\,0.0000756704$$

et les coordonnées et les vitesses de la comète, relatives à Jupiter:

$$x = -\,0.0298045 \qquad \frac{dx}{dt} = +\,0.001727851$$

$$y = -\,0.0658714 \qquad \frac{dy}{dt} = +\,0.004579837$$

$$z = -\,0.0113005 \qquad \frac{dz}{dt} = +\,0.00005525878$$

On dérive de ces valeurs après les formules de la mécanique céleste les élémens suivans du mouvement de la comète autour de Jupiter:

7